U0221163

中国能源革命与先进技术丛书

李立浧　丛书主编

核能技术发展战略研究

杜祥琬　主编

机 械 工 业 出 版 社

本书是中国工程院重大咨询项目“我国能源技术革命的技术方向和体系战略研究”下课题“核能技术方向研究及发展路线图”的主要成果，主要研究了我国近期（2020年）、中期（2030年）、远期（2050年）核能发展的重点科学技术方向和发展路径。

根据技术发展的成熟度，本书分为3个部分，分别是基于热中子堆的核电技术、快中子堆及第四代堆技术、受控核聚变科学技术。本书共4章。第1章是研究成果概述，凝练主要研究成果，兼顾现实需求和长远发展，从总体上把握未来核能科学技术的重点发展方向。第2~4章分别论述了基于热中子堆的核电技术、快中子堆及第四代堆技术、受控核聚变科学技术。

本书可作为能源系统、电力系统、能源技术、能源政策以及能源金融等行业相关人员的参考书。

图书在版编目（CIP）数据

核能技术发展战略研究/杜祥琬主编．—北京：机械工业出版社，2021.3
（中国能源革命与先进技术丛书）
ISBN 978-7-111-67675-1

Ⅰ．①核…　Ⅱ．①杜…　Ⅲ．①核技术-技术发展-发展战略-中国
Ⅳ．①TL-12

中国版本图书馆CIP数据核字（2021）第041981号

机械工业出版社（北京市百万庄大街22号　邮政编码100037）
策划编辑：汤　枫　　责任编辑：汤　枫
责任校对：张艳霞　　责任印制：李　昂
北京机工印刷厂印刷

2021年6月第1版·第1次印刷
169mm×239mm·13.5印张·2插页·332千字
0001—800册
标准书号：ISBN 978-7-111-67675-1
定价：119.00元

电话服务
客服电话：010-88361066
010-88379833
010-68326294

网络服务
机　工　官　网：www.cmpbook.com
机　工　官　博：weibo.com/cmp1952
金　　书　　网：www.golden-book.com
机工教育服务网：www.cmpedu.com

丛书编委会

本书编委会

宋丹戎	中国核动力研究设计院	研究员
秦　忠	中国核动力研究设计院	研究员
尹春雨	中国核动力研究设计院	高级工程师
吴秀花	中核新能核工业工程有限责任公司	研究员
元一单	中国核电工程有限公司	研究员
赵　博	中国核电工程有限公司	研究员
李思凡	中国核电工程有限公司	研究员
王旭宏	中国核电工程有限公司	研究员
陈　勇	中国核电工程有限公司	研究员
赵华松	中国核电工程有限公司	研究员
李忠镝	中国核电工程有限公司	研究员
王　庆	中国核电工程有限公司	研究员
郭　晴	中国核电工程有限公司	教授级高级工程师
叶国安	中国原子能科学研究院	研究员
欧阳应根	中国原子能科学研究院	研究员
杨　勇	中国原子能科学研究院	研究员
吴宗鑫	清华大学核能与新能源技术研究院	研究员
童节娟	清华大学核能与新能源技术研究院	研究员
何建坤	清华大学能源环境经济研究院	研究员
徐元辉	中核能源科技有限公司	研究员
肖泽军	中国核动力研究设计院	研究员
熊　茹	中国核动力研究设计院	研究员
李　翔	中国核动力研究设计院	研究员级高工
严明宇	中国核动力研究设计院	研究员级高工
徐洪杰	中国科学院上海应用物理研究所	研究员
蔡翔舟	中国科学院上海应用物理研究所	研究员
徐瑚珊	中国科学院近代物理研究所	研究员
王志光	中国科学院近代物理研究所	研究员
高　翔	中国科学院等离子体物理研究所	研究员

张　涛	中国科学院等离子体物理研究所	研究员
明廷凤	中国科学院等离子体物理研究所	副研究员
李恭顺	中国科学院等离子体物理研究所	副研究员
李　华	北京应用物理与计算数学研究所	研究员
丁　宁	北京应用物理与计算数学研究所	研究员
师学明	北京应用物理与计算数学研究所	副研究员
崔磊磊	中国工程物理研究院高新装备中心	工程师
张　宁	中国工程院	四级调研员
姜玲玲	中国工程院	助理研究员

前　言

中国工程院长期关注并开展我国的核能发展战略研究。2011 年 3 月，日本福岛核事故发生后，国内就核电是否安全以及是否要继续发展曾有过不小的争论，在此背景下，中国工程院及时完成了“我国核能发展的再研究”咨询项目，提出了“战略必争，确保安全，稳步高效”的发展战略方针。2015 年，中国工程院组织了“我国能源技术革命的技术方向和体系战略研究”重大咨询项目，“核能技术方向研究及发展路线图”是其中的一个课题，杜祥琬院士任课题负责人。当时，国际上在建的第三代反应堆（反应堆简称为堆）建设普遍延期，首堆经济性普遍较差；与此同时，可再生能源发展势头迅猛，核能发展前景不容乐观。根据这一形势，本课题重点关注核能发电技术发展规划的近期、中期和远期重点任务，预测未来核能关键技术的发展方向，制定核能技术的研发体系和研发线路图，提出核能技术应用推广的建议。

根据技术发展的成熟度，课题下设了 3 个专题组。叶奇蓁院士负责基于热中子堆（或简称为热堆）的核电技术专题，徐銤院士负责快中子堆（或简称为快堆）及第四代堆技术专题，万元熙院士负责受控核聚变科学技术专题。十多位院士、几十位专家参加了课题研究工作，在此期间获得了中国工程院、相关企事业单位和科研机构的大力支持。经过两年多的工作，课题组完成了综合报告和专题研究报告，本书便来自对以上报告的整理和提炼。本书共 4 章，重点分析了我国核能技术发展的现状、核能的安全性、核能技术的发展方向，并给出了核能技术发展路线图。第 1 章是研究成果概述，由师学明、崔磊磊、苏罡、杨勇、高翔等共同执笔，凝练主要研究成果，兼顾现实需求和长远发展，从总体上把握未来核能科学技术的重点发展方向。第 2 章“基于热中子堆的核电技术”，由苏罡执笔；第 3 章“快中子堆及第四代堆技术”，由杨勇执笔；第 4 章“受控核聚变科学技术”，由高翔执笔。

本书提出如下建议和认识：以第三代自主压水堆为依托，安全、高效、规模化发展核能；加快第四代核能系统研发，解决核燃料增殖与高水平放射性废物嬗变；积极发展小型模块化反应堆，开拓核能应用范围；努力探索聚变能源。预期到2030年核电运行装机容量为1.5×10^{8} kW，在建容量为5×10^{7} kW；到2050年快堆和压水堆匹配发展。目前，我国的核能发展面临着前端和后端能力不足、核心技术研发力量分散、竞争大于合作的局面，建议通过整合国内资源，组建核能国家实验室，进一步集中力量推进我国核能产业健康、快速发展。

可喜的是，在本书即将出版之际，欣闻国务院核准海南昌江核电二期工程和浙江三澳核电一期工程开工建设，“华龙一号”全球首堆如期投入商用，这标志着我国的自主化第三代核电已经具备规模化发展条件。在先进核能开发方面：我国的高温气冷堆示范工程也已进入调试阶段；快堆示范工程进展顺利；ITER计划重大工程安装启动，我国负责主机一期安装任务，中国环流器二号M装置建成并实现首次放电……这些成绩的取得是我国核工业多年来苦练内功的结果，也是核能产业进一步做大做强的基础。

本书初稿完成于2017年，此次出版前对部分数据做了更新，也删减了部分内容，但对核电发展容量预测数据未做改动。由于各种原因，书中仍不免有疏漏或不妥之处，请读者批评指正。

编　者

目　录

第1章　核能技术方向研究及发展路线图

本章主要针对核能技术的方向研究及发展路线图进行总结，包括核能应用技术综述，核能技术演进路线，近期、中期、远期核能发电技术，核能关键技术发展方向，核能技术的研发体系以及核能技术的应用和推广等。

1.1　引言

核能指核反应过程中原子核结合能发生变化而释放出的巨大能量，为使核能稳定输出，必须使核反应在反应堆中以可控的方式发生。铀核等重核发生裂变释放的能量称为裂变能，而氘、氚等轻核发生聚变释放的能量称为聚变能。目前正在利用的是裂变能，聚变能还在开发当中。目前核能主要的利用形式是发电，未来核能热电联产和核动力等领域将会有较大拓展空间。截至2019年12月31日，全球有31个国家和地区运营443座商业反应堆，总装机容量为3.92亿kW，提供约10.4%的清洁、基荷电力；有54个国家和地区运行250座研究堆；还有约200座反应堆为160余艘舰船和潜艇提供动力。2020年，我国大陆在运核电机组49台，总装机容量为5102.7万kW，约占全国电力总装机容量的2.27%；2020年核电发电量约3662.43亿kW·h，约占全国总发电量的4.94%。

人类在解决长期能源需求的同时，还面临着空气污染和全球变暖的严重挑战。一方面，据估计全球每年有650万人的死亡与空气污染有关；另一方面，目前全球空气中CO_2平均浓度为400ppm，2100年需要将其控制在450ppm以内，才能实现《巴黎协定》“将全球平均气温升高幅度与工业化前相比控制在2℃以内”的愿景。世界核能协会认为，为实现巴黎气候大会的目标，从现在起到2050年应该再新建10亿kW核电，届时核电占比将达到25%，实现低碳化石能源（优先发展碳捕集与封存技术）、可再生能源和核能的协调发展，这是应对空气污染和全球变暖的现实、有效手段。

核能具有安全、低碳、清洁、经济、稳定和能量密度高的特点，发展核能对于我国突破资源环境的瓶颈制约，保障能源安全，减缓CO_2及污染物排放，实现绿色低碳发展具有不可替代的作用，核能将成为未来我国可持续能源体系的重要支柱之一。

安全始终是核能发展的生命线。公众最关注的核能问题包括核电厂的安全和放射性废物管理安全。我国核电行业与国际最高安全标准接轨，并持续改进。我国核能法律体系日臻完善，《中华人民共和国核安全法》已于2017年9月1日正式通过，《中华人民共和国原子能法》立法工作也正在积极推进。

核能是最安全的产业之一，但这一事实并没有得到社会的普遍认可。关于安全的评价取决于人们对风险和收益的综合比较。核能产业链在正常情况下，工作人员所受归一化辐射职业照射剂量仅为煤电链的1/10，对公众产生的照射仅为煤电链的1/50，其排放实际上是一种“近零排放”。美国核管理委员会（USNRC）认为，堆芯损坏概率取10^{-4}/堆·年，早期放射性大量外泄概率取10^{-5}/堆·年，即可满足两个“千分之一”的定量安全目标要求：厂区外1.61 km范围内公众由于反应堆事故导致立即死亡的风险不超过所有其他类型事故导致立即死亡风险总和的千分之一；厂区外16.1 km范围内公众由于反应堆运行导致癌症死亡的风险不超过所有其他原因导致癌症死亡风险总和的千分之一。公众对核能安全的质疑主要源于历史上发生的三哩岛、切尔诺贝利、福岛三次严重核事故，这几次事故对核能发展带来了严重的负面影响。另一方面，各核电国家都积极吸取每次事故的经验反馈，促进核电安全和监管水平的进步与发展。

我国在运核电机组的安全性有保障，机组安全水平和运行业绩良好，安全风险处于受控状态，放射性流出物水平远低于国家标准。我国核电发展起步较晚，具有后发优势，从一开始就采用了成熟的第二代改进型压水堆核电机型。反应堆设计阶段就吸收了三哩岛和切尔诺贝利事故的经验反馈，并采取了持续改进的措施。福岛核事故后，我国立即对运行和在建核电厂开展了安全大检查，切实吸取福岛事故的经验反馈，暂停新的核电项目审批。经过评估和整改，核电厂应对极端外部自然灾害与严重事故的预防和缓解能力得到加强，我国核电安全性和监管水平不断提高。我国在运的 40 余台核电机组绝大多数属于第二代改进型，安全水平不低于国际上绝大多数运行机组，运行业绩也排在国际前列，WANO（世界核电运营者协会）运行指标普遍处于国际中上水平，没有发生过一起国际 2 级及以上的核事故，放射性排出物剂量水平远低于国家标准；2018 年年底开始陆续投入运营的第三代核电机组安全性更佳。专家的分析表明，日本福岛处于欧亚板块与太平洋板块“俯冲带”上，历史上大地震频发；福岛核电站为早期设计的沸水堆。我国核电采用压水堆技术路线，无论从堆型、自然灾害发生条件和安全保障方面来看，类似福岛的事故序列在我国发生的可能性不大。

我国自主先进压水堆核电技术能够满足国际上最高核安全要求。福岛事故后，自主先进压水堆核电的开发和建设，使核电的安全性达到了一个新的高度。按照我国《核安全与放射性污染防治“十二五”规划及 2020 年远景目标》的要求，我国“新建核电机组具备较完善的严重事故预防缓解措施，发生严重堆芯损坏事件的概率低于十万分之一，每堆年发生大量放射性物质释放事件的概率低于百万分之一”；“‘十三五’及以后新建核电机组力争实现从设计上实际消除大量放射性物质释放的可能性”。我国自主开发的“华龙一号”和 CAP 1400 压水堆机型，采用先进的自主先进压水堆核电技术，有完善的严重事故预防和缓解措施，全面贯彻纵深防御原则，设置多道实体安全屏障，实现放射性物质包容。自主先进压水堆核电机组采用双层安全壳，外层安全壳能够承受强地震、龙卷风等外部自然灾害，以及火灾、爆炸，包括大型商用飞机恶意撞击等人为事故的破坏与袭击；内层安全壳能耐受严重事故情况下所产生的内部高温高压、高辐射等环境条件，安全壳的完整性能够保障实际消除大量放射性物质的释放。我国目前开工建设的高温气冷堆示范工程和钠冷快堆示范工程、正在开发的小型模块化压水堆等，具备更高的固有安全特征。

核电厂产生的乏燃料是严格受控的，不会出现不可控的安全问题。一个核电机组每年卸出 20~30 t 乏燃料，贮存在核电厂内部的乏燃料厂房中，乏燃料厂房贮存的容量可满足 15~20 年的卸料量和一个整堆的燃料。压水堆核电站乏燃料中含有约 95% ^{238}U、约 0.9% ^{235}U、约 1% ^{239}Pu、约 3%裂变产物、约 0.1%次锕系元素。其中仅裂变产物和次锕系元素为放射性废物，其他均是可再利用的战略物资。我国实施闭式燃料循环的技术路线，提取乏燃料中的 U 和 Pu 作为快中子增殖堆的燃料。裂变产物中只有少量的高放射性、长寿命核素，它们经化学分离后可在热堆中有效嬗变为短寿命核素。高放射性、长寿命次锕系元素可在快堆中有效嬗变。低中放固体废物亦受到严格的控制，按规定每座核电厂的年固体废物应不超过 50 m^3。我国自主设计的第一座动力堆乏燃料后处理中试厂热试成功，已正式投产；并正在规划自主建设我国首个商业规模的乏燃料后处理工程，为实现我国压水堆核燃料闭式循环奠定基础。高放废物经玻璃固化和三重工程屏障处理以及深地层最终处置，不会对环境、人类带来危害。

核能安全涉及整个核电产业链，重点是核电厂的设计、建造、运行和维护，装备制造，乏燃料贮存、后处理、放射性废物处置等环节。为保障核能安全利用，从管理层面看，必须严格按照相关法规和标准的要求，加强各个环节的过程管理、质量控制、安全监管。从技术层面看，核电安全发展的目标是做到消除大量放射性物质释放，能够达到减缓甚至取消场外应急。为实现核安全技术目标，需要持续强化反应堆安全研究。首先需要研究如何增强固有安全性，通过先进核燃料技术和反应堆技术研究创新应用保证发生严重事故的概率足够小；同时需要研究堆芯熔融机理，通过开展堆芯熔融物在堆内迁移以及堆外迁移的主要进程和现象研究，优化完善严重事故预防与缓解的工程技术措施和管理指南；实现保障安全壳完整性研究，包括安全壳失效概率计算、源项去除等预防及缓解措施，应对安全壳隔离失效、安全壳旁路和安全壳早期失效和其他导致安全壳包容功能失效的事故序列；最后需要关注剩余风险保障措施，确保即使发生极端严重事故，放射性物质释放对环境的影响也是可控的，从而保障环境安全。

发展先进核能系统是解决核能可持续发展问题的关键。核能可持续发展面临铀资源利用率低和高放废物处置难题。如果采取一次通过，则铀资源的利用率只有约 0.6%，1 台 1 GW 核电机组每年需地质处置的高放废物达到 2 m^3/t 铀。通过第二代后处理技术提取钚进入压水堆复用，铀资源利用率可提高到接近 1%，需地质处置的高放废物降低到约 0.5 m^3/t 铀。随着快堆技术的逐渐成熟，发展快堆或 ADS（加速器驱动的次临界系统），通过第三代后处理技术提取出铀和超铀进入快堆多次循环，铀资源利用率可达 60%，并能有效嬗变超铀元素；

需地质处置的高放废物量将小于 0.05 m^3/t 铀，且地质处置库的安全监管年限由一次通过的几十万年降低至千年以内。随着第三代核电的推广和第四代核电的逐步成熟，核电的公众接受度会逐渐提升。

核电必须安全、高效、规模化发展。我国核电发电量占比仅为 4.94%，远低于全球 10.4%的平均水平。在确保安全的前提下，我国核电不但要发展，而且要规模化发展，才能成为解决我国能源问题的重要支柱之一，促进我国能源向绿色、低碳转型。按照《核电中长期发展规划（2011-2020 年）》，2020 年我国核电运行装机容量达到 5800 万 kW，在建容量达到 3000 万 kW（由于福岛事故后国家对核电项目的审批更加审慎，该规划落实有所滞后）。根据习近平主席在巴黎气候大会关于 2030 年我国“非化石能源占一次能源消费比重达到 20%左右”的承诺，结合国内能源结构，预计届时核电运行装机容量约为1.5 亿 kW，在建容量为 5000 万 kW。预计 2030 年国内总电量需求为 8.4 万亿 kW·h，核电发电量占 10%~14%，达到国际平均水平，实现规模化发展。2030—2050 年，预期实现第四代核能系统推广应用，快堆和压水堆实现匹配发展。

核能是一种重要的战略能源。核能能量密度高，核燃料易于储备，可有效提高能源自给率。对于核电而言，核燃料用量小，燃料成本占发电成本比例低，且易于运输和储备。1 台 1 GW 核电机组每年仅需新装入 25 t 核燃料，燃料所需库存空间很小，便于缺乏燃料资源的国家为应付供应中断的风险而储备较长供应时期的燃料。例如，我国建设 90 天石油进口量的储备，需要投入 380 亿美元，相当于 150 台百万 kW 核电机组 5.4 年铀储备的资金投入。因此，国际上将核燃料视为一种“准国内资源”，将发展核电看作提高能源自给率的一个重要途径。

铀资源供应不会对我国核电发展形成根本制约。根据 2018 年经济合作与发展组织（OECD）发布的铀资源红皮书，全球已探明铀资源 798.8 万 t，如果按照 2016 年全球天然铀消耗量推测，则可以满足未来 130 年核电发展需求。此外，全球还有待查明铀资源约 1000 万 t，非常规铀资源 2200 万 t，可以满足较长时期全球核电发展的需要。在海水中大约含有 40 亿 t 铀，虽然浓度只有 3.3 mg/L，但总量巨大，可作为潜在铀资源。我国通过创新成矿理论，并指导北方沉积盆地找矿取得重大突破，新发现和探明了一批万吨至数万吨规模的大型、特大型砂岩型铀矿床，根据新一轮铀矿资源潜力评价的结果，预测国内铀资源量能满足1亿kW压水堆核电站60年发展需求。为保证我国核电规模化发展对于铀资源的需求，近期应该重点发展深层铀资源和复杂地质条件下空白区铀资源勘查、采冶技术，跟踪海水提铀技术。从长远来看，必须提早安排发展快堆及相应的核燃料循环技术，大幅提高铀资源利用率，从而解决人类上千年的能源需求问题。

核电是低碳、清洁、稳定能源。核电在运行过程中不会排放CO_2等温室气体，也不会排放CO、SO_2、NO_x等有害气体和固体尘粒。从核电全生命周期来看，核电的碳排放主要集中在铀矿开采、转化、铀浓缩、核电建设、后处理及核电退役等环节。IAEA（国际原子能机构）“2015年度气候变化与核能报告”引用了Ecoinvent数据库与NREL（美国国家可再生能源实验室）等多家实验室关于各种能源碳排放的全生命周期分析（LCA）数据库。研究发现，虽然每一种能源形式的碳排放值都有一个区间分布（体现了各个电厂全生命周期各环节采用的技术差异），但采用中位数来分析，各种数据库之间的吻合度还是很好的。根据该报告，煤电的碳排放最高（每度电1025g CO_2），随后依次是天然气（每度电492g CO_2）、带碳捕集与封存的化石电力（每度电167g CO_2）、光伏发电（每度电49g CO_2）、集中式太阳能发电（每度电27.3g CO_2）、风电（每度电16.4g CO_2）、核电（每度电14.9g CO_2）、水电（每度电6.6g CO_2）。可见，核电和风电、水电的碳排放水平最低，属于低碳能源。关于CO、SO_2、NO_x等有害气体的LCA分析也有类似结论，即核电和风电、水电的有害气体排放属于同一水平。截至2020年12月31日，我国大陆地区投入商业运行的核电机组共49台，装机容量达到5102.7万kW；商运核电机组累计发电量为3662.43亿kW·h，约占全国累计发电量的4.94%。与燃煤发电相比，核能发电相当于减少燃烧标准煤10474.19万t，减少排放CO_2 27442.38万t，减少排放SO_2 89.03万t，减少排放NO_x 77.51万t。

与水电、风电、光电等清洁能源不同，核电能量输出是稳定的，不存在间歇性波动，年平均利用小时数可高达7000~8000h，提高核电比例不会对现有电网构成不安全因素。

核能产业是我国少数几个能够有实力和势头在世界上获得核心竞争力的高

新技术领域，也是做强我国制造业的战略性产业之一。核能产业是高科技的综合集成，技术含量高，产业链条长，对从业人员素质要求高。在当前经济增速放缓的背景下，坚定发展核电对于推动产业结构优化升级、促进经济发展、加速我国能源向绿色低碳转型具有重要的现实意义。核电的规模化发展将拉动装备业、建筑业、仪表控制行业、钢铁等材料工业的发展。核级设备要求高、难度大，发展核电对提高材料、冶金、化工、机械、电子、仪器制造等几十个行业的工艺、材料和加工水平具有重要的拉动作用。全球范围内核电建设正迎来高潮，核电走出去已成为国家战略，核电已成为国家新名片，这对于带动装备制造业走向高端，打造我国经济“升级版”意义重大。以出口我国自主知识产权的第三代核电技术“华龙一号”为例，设备设计、制造、建安施工、技术支持均由国内提供，单台机组需要 8 万余套设备，国内有 200 余家企业参与制造和建设，可创造约 15 万个就业机会。出口价格约 300 亿元，相当于 30 万辆小汽车的出口价值。如果再加上数十年的核燃料供应、相关后续服务，单台机组全寿期可以创造约 1000 亿元产值，核电批量建设和出口对于拉动我国经济增长和结构调整的作用十分明显、潜力非常巨大。

1.2 核能技术发展现状

经过 60 多年的发展，核电及配套的核燃料技术成为日益成熟的产业，在世界上成为继火电及水电以外第三大发电能源，能够规模化提供能源并实现 CO_2 及污染物减排。IAEA 等多家国际机构 2018 年的预测表明：在高增长情景下，2030 年全球核电发电量将比 2018 年的 2563 TW · h 增长 50%，2050 年全球核电发电量将在 2030 年的基础上继续增长 50%；低增长情景下，全球核电装机容量将缓慢降低，2040 年达到低谷，之后再逐步回升。即使在低增长情景下，全球核电发电量还是保持增长趋势，至 2030 年增幅将达到 11%，至 2050 年增幅将达到 16%。世界核电发展的总趋势没有根本变化，核电仍然是理性、现实的选择。

以压水堆为代表的热堆是目前主流商用堆型，也是 2030 年前我国核能规模化发展的主力堆型。通过吸取福岛等三次严重事故的经验反馈，压水堆的安全性逐步提高，CAP1400 和“华龙一号”等自主第三代堆型可以做到“从设计上实际消除大量放射性物质释放的可能性”，实现在任何情况下环境和公众的安全。钠冷快堆等第四代核能系统代表了核能进一步的发展方向，在安全性、可持续性（包括资源可持续与放射性废物最小化）、经济性、防核扩散方面都有更高的要求。第四代堆目前正处于研发阶段，预计 2030 年前后可能有部分成熟堆型推出，之后逐步扩大规模。受控核聚变能源更加清洁、安全且资源丰富，是未来理想的战略能源之一。聚变能源开发难度非常大，需要长期持续攻关，乐观预计在 2050 年前后可以建成商用示范堆，之后再发展商用堆。

1.2.1 国际核能技术应用现状

1. 压水堆是绝大多数国家核电开发的首要选择

截至 2019 年年底，全球共有 31 个国家和地区运营核电机组，在运核电机组共 443 台（含 3 台快堆），总装机容量为 392 GW；另外还有 55 台机组在建，总装机容量为 57.5 GW。在运机组中有 300 台压水堆、65 台沸水堆、48 台重水堆、13 台气冷反应堆、14 台石墨慢化轻水冷却反应堆，以及 3 台快堆。在建机组中有 44 台压水堆、4 台沸水堆、4 台重水堆、2 台快堆，以及 1 台高温气冷示范堆。压水堆占绝大多数，这种领先趋势还会继续扩大。沸水堆和重水堆占比仅次于压水堆，未来仍将有一定发展空间。英国的气冷反应堆和俄罗斯的石墨慢化轻水冷却反应堆即将退役并退出历史舞台。快堆和高温气冷示范堆未来会逐步发展。实践证明，压水堆有良好的安全性和经济性，是绝大多数国家核电开发的首要选择。我国核电发展确定了压水堆的技术路线，在运核电站全部是压水堆，在建反应堆除了一台高温气冷示范堆和一台快中子示范堆外，其余都是压水堆。压水堆仍将在相当长时间内占主导地位，2030 年前后第四代堆会逐步进入市场。

2. 现役机组性能不断改善，延寿和退役需求增加

核能界在加强核安全方面持续取得稳步进展。IAEA 及其成员国继续实施福岛核事故后制订的“核安全行动计划”。许多领域的 IAEA 安全标准的审查和修订取得了显著的进展。IAEA 和 WANO 收集的安全性能指标体现了核电厂的运行安全性仍然很高。据统计，2008—2019 年核电厂每运行 7000 h（约一年）的紧

急停堆次数均低于 2008 年之前所报告的水平（0.67 次每 7000 h）。

挖掘现役机组潜力。经过技术改造和设备性能的提高，核电机组性能在不断改善，主要表现为功率提升、负荷因子提高、机组寿命延长。美国在 1978—2012 年这 34 年间没有新核电机组开工建设，但在过去的 15 年间，通过采取提升功率和增加电厂利用率等措施，使核能新增的发电能力相当于 19 个百万千瓦机组。1980—2019 年，全球核电平均负荷因子从 60%提高到 82.5%；2019 年有 1/3 机组负荷因子超过 90%，高龄机组的负荷因子几乎和新机组相当，并没有出现随着服役时间增加，性能显著下降的情况。美国非常重视提高核电机组运行性能，2000 年后核电平均负荷因子一直高于 90%，属于全球领先水平。我国 2015—2018 年核电负荷因子均低于 90%，主要原因是辽宁和福建两省核电消纳能力不足。我国核电正面临着参与调峰的压力。

高龄机组延寿成为趋势。截至 2019 年年底，超过 66%的运核电机组已经运行了 30 年以上。美国在 20 世纪 90 年代开始实施运行机组的延寿改造，经寿命评估、安全分析，以及系统技术改造，设备性能提升成效显著，美国核电机组平均年龄已经接近 40 年，超过 3/4 的核反应堆已经被授权许可延寿到 60 年，2019 年至今已经有 4 台机组被批准二次延寿，可运行至 80 年。法国的核反应堆被授权延寿10 年，但法国安全部门明确表示目前所有机组未必都能通过原定 40 年寿期的深度检查。比利时政府已经批准 3 台核电机组延寿 10 年，但尚未得到安全部门的许可。

3. 核电迎来发展热潮，第三代堆和小型模块化反应堆是近期发展重点

核电正迎来 20 世纪 80 年代以来新一轮的建设高潮。截至 2019 年年底，在建核电机组 55 台，总装机容量为 57.5 GW_e[㊀]。在运核电站的 30 个成员国中，有 15 个正在积极新建核电机组或扩大核电计划，正在进行的新建核电项目有 45 个，总净装机容量达 46.567 MW_e。在正在考虑、规划或积极致力于将核电纳入能源结构的 28 个成员国中，有 18 个已开始对核电基础结构进行研究；4 个已做出决定，正在建设机构能力和开发必要的基础设施，以准备签署合同和筹资新建核电站；1 个已签署合同（埃及），2 个已经开始建造（孟加拉国和土耳其）；

㊀ GW_e 指电功率；MW_e 类同。

还有2个国家的第一座核电站已接近完工（白俄罗斯和阿联酋）。

第三代核电项目的建设普遍延期。截止到2016年9月1日，共有18个先进第三代核电项目（8个西屋AP1000、6个俄罗斯原子能机构AES-2006、4个阿海珐EPR），其中有16个项目存在不同的延期情况。原因包括设计问题、专业技术人员短缺、质量控制问题、供应链问题、电力公司和设备供应商计划不周及资金短缺。2011—2015年全球新增并网核电机组29台，建造时间中位数为68个月；2016—2018年新增核电机组23台，建造时间中位数为81个月；2019年新增核电机组6台，建造时间中位数为118个月。建造时间增加的主要表现是同类机型首台机组建设拖期严重。值得指出的是，我国自主第三代反应堆“华龙一号”所有项目建设进展顺利；“华龙一号”全球首堆工程开工建设到并网发电耗时约67个月，创造了全球第三代核电首堆建设最快速度。

小型模块化反应堆（SMR）研发掀起热潮。SMR具有固有安全性好、单堆投资少、用途灵活的特点。美国政府20世纪90年代以来一直在资助开发SMR，希望用SMR来替代大量即将退役的小火电机组。B&W mPower和NuScale公司提出的两种小堆已获得美国政府为期5年、总计4.52亿美元的资金支持。NuScale公司近期更新了SMR设计方案，功率从50 MW（2016年）提升到了77 MW（2020年）。并计划于2022年向美国核管会提交安全设计审查，2027年投入商用。俄罗斯设计的两台浮动核反应堆2007年开式建造，但因资金不足等原因被一再推迟，最终于2020年5月投入商用。韩国设计的SMR，即一体化模块式先进反应堆（SMART）已经开发了20年，该设计于2012年得到授权许可。法国船舶制造企业集团近期推出了水下小型模块化核电站（FLEXBLUE）概念。英国政府于2016年3月开始竞标最适合英国的SMR。中国的SMR高温气冷堆正在建造当中，ACP100小型压水堆成为世界上首个通过IAEA安全审查的小堆，并且正在准备建造陆上示范工程，同时开发海上浮动堆。

4. 核燃料循环后端比较薄弱

燃料生产能力略大于需求。近年来全球UF_6生产稳定在每年约7.6万t铀，铀转化服务需求总量（假设^{235}U浓缩尾料丰度为0.25%）每年在6万~6.4万t铀之间。全球铀浓缩能力约为每年6500万分离功单位，总需求将近每年4900万分离功单位。轻水堆燃料组件生产能力约为每年1.35万t（浓缩铀），需求量保持在约 7000 t 燃料。

乏燃料后处理能力严重不足，乏燃料贮存与废物处置压力日益增加。乏燃料中约含 1%的超铀元素、4%的裂变产物及 95%的铀，后处理可以极大减少需要地质处置的高放废物体积，降低长期处置风险。迄今，已从核电站卸出 40 多万 t 重金属。从商用核电堆卸出的燃料约 75%贮存在反应堆水池或干法和湿法乏燃料离堆贮存设施。目前有 151 个乏燃料离堆贮存设施分布在 27 个国家。其余约 10 万 t 从全球核电站卸出的重金属已进行后处理。全球对普通氧化物燃料的后处理能力约为 5000 t/年，但这些后处理能力目前并非全部投入使用。另一方面，高放废物地质处置工作进展缓慢，不少国家面临公众反对压力，只有芬兰、法国、瑞典已经宣布预计运行时间，实现技术可行、社会可接受的深地质处置库。

核设施退役经验丰富、任务艰巨。截至 2019 年 12 月 31 日，全世界有 186 座核电反应堆已关闭或正在退役。其中 17 座反应堆已完全退役，还有若干座正进入退役最后阶段。根据预测，在低增长情景下，至 2030 年退役和新增的核电装机容量将分别达到 117 GW_e和 85 GW_e，2030—2050 年间还将继续退役和新增的核电装机容量分别达到 173 GW_e和 179 GW_e。在高增长情景下，假设一些计划退役的核电机组获得延寿批准，那么至 2030 年退役的核电装机容量将只有 49 GW_e，2030—2050 年退役的核电装机容量将只有 137 GW_e，新增的核电装机容量至 2030 年将达到 148 GW_e、至 2050 年将达到 356 GW_e。

1.2.2　国内核能技术发展现状

1983 年 6 月，国务院科技领导小组主持召开专家论证会，提出了我国核能发展“三步（压水堆—快堆—聚变堆）走”的战略，以及“坚持核燃料闭式循环”的方针；在《国家能源发展“十二五”规划》中，又提出了安全高效发展核电的主要任务，继续明确了“三步走”技术路线。

自主第三代压水堆核电技术落地国内示范工程，并成功走向国际，已进入大规模应用阶段，可满足当前和今后一段时期核电发展的基本需要。我国延寿和退役工作正在起步，应该做好技术储备；已具备完整的核燃料产业链，明确采取闭式循环路线，需加强技术突破和产能规模的发展。我国乏燃料干式贮存、后处理和废物处置均落后于世界水平，亟须赶上。

快堆、高温气冷堆、超临界水堆、熔盐堆、超临界水堆等第四代核电技术方面全面开展研究工作，其中钠冷实验快堆已经实现并网发电，目前处于技术储备和前期工业示范阶段，高温气冷堆正在建造示范工程。聚变技术方面，我国成为世界上重要的聚变研究中心之一。磁约束聚变研究领域，在两个主力磁约束聚变装置 EAST 和 HL2A 上开展了大量高水平实验研究，作为核心成员参加国际热核聚变实验堆（International Tokamak Experimental Reactor，ITER）计划，正在开展中国聚变工程试验堆（Chinese Fusion Engineering Testing Reactor，CFETR）概念设计和关键部件的预研。在惯性约束领域，建成了神光Ⅲ和聚龙一号等装置，为激光惯性约束聚变和 Z 箍缩（Z-pinch）惯性约束聚变基础问题研究提供了重要实验平台。

1.2.3 核能发电安全事故情况

核电历史上发生过三次重大核事故。

第一起是 1979 年发生在美国三哩岛的核电厂事故。该事故是由给水丧失引起瞬变开始，经过一系列事件造成了堆芯部分熔化，大量裂变产物释放到安全壳。由于安全壳的良好屏障作用，事故中没有人员伤亡，未对公众造成任何辐射伤害，对环境的影响也微不足道。但这次事故对世界核工业的发展造成了深远的影响。事故之后近 30 年的时间内美国没有建设新的核电机组，直到最近才开始建设第三代先进压水堆核电机组。从 20 世纪 80 年代开始，美国核电运行研究院（INPO）牵头，吸取三哩岛事故的经验反馈，在提高第二代核电厂运行安全可靠性方面开展了大量卓有成效的工作。通过 INPO 和各电力公司的共同努力，美国投运核电厂的运行安全可靠性有了长足的进步，运行性能指标总体良好。不仅如此，基于良好的安全性和经济性，美国现役核电机组纷纷申请延长 20 年使用寿期，而且大多数申请已获美国核管理委员会的批准。可见，第二代和第二代改进型核电机组的安全性是有保障的。

1986 年，苏联切尔诺贝利核电厂 4 号机组发生了核电历史上最严重的事故。该机组属于石墨沸水堆，事故是在反应堆安全系统试验过程中发生功率瞬变引起瞬发临界而造成的。反应堆堆芯、反应堆厂房和汽轮机厂房被摧毁，大量放射性物质释放到环境中，产生全球范围恐慌，使核电发展蒙上一层阴影。事故的主要原因是这种堆型本身的设计缺陷，包括：反应堆在低于 20%额定功率运行时，存在正的空泡反应性系数，易于出现极大的不稳定性；控制棒吸收体下方有一段石墨跟随体，当下插速度过慢时会引入正反应性；反应堆没有设计安全壳等。另外，运行人员严重违章操作规程，使反应堆进入不稳定工作状态，是导致事故发生的导火线。事故后苏联采取了多种整改措施，使得在运机组不可能再度发生同类事故。然而由于缺少安全壳这道最后的安全屏障，这种石墨沸水堆在全世界不会再建。

2011 年 3 月，日本东部海域发生 9 级大地震，引发巨大海啸，最终导致福岛第一核电厂发生严重核事故，多个机组发生堆芯熔化、氢气爆炸，大量放射性物质向环境释放，事故后果仅次于切尔诺贝利事故。总体来说，福岛核事故后果严重、损失巨大、影响深远。与前两次事故不同，福岛事故是由极端外部自然灾害直接导致的。地震及海啸造成多机组、长时间全厂完全断电和最终丧失热阱，超出了设计考虑的范围，而且对核电厂及周围基础设施造成了极其严重的破坏，影响了外部救援。另外，事故发生和处理过程中产生了大量放射性废水，放射性废液的泄漏和处理问题逐渐显现。福岛事故后，美国、欧盟等对其境内的核电厂开展了压力测试，我国也开展了核电厂安全大检查，切实吸取事故的经验反馈。日本福岛处于欧亚板块与太平洋板块“俯冲带”上，历史上大地震频发；福岛核电站为早期设计的沸水堆。我国核电采用压水堆技术路线，专家的分析表明，无论从堆型、自然灾害发生条件和安全保障方面来看，类似福岛的事故序列在我国发生的可能性不大。

福岛核事故后，国际上提出“从设计上实际消除大量放射性物质释放的可能性”，实现在任何情况下，确保环境和公众的安全。第三代核电的开发和建设，使核电的安全性达到了一个新的高度。

1.2.4　裂变核能应用技术重点方向现状

1. “实际消除大量放射性物质释放”概念将对技术发展产生深远影响

安全是核电发展的基石。《核安全与放射性污染防治“十二五”规划及 2020 年远景目标》明确要求：“‘十三五’期间新建核电站要从设计上实际消除大量放射性物质释放的可能性”，以确保环境和公众的安全。设计单位所做的确定论和概率论分析表明，我国自主第三代华龙系列和 CAP 系列可以实现上述目标。下一步为实现技术上减缓甚至取消场外应急的目标，还需持续深化堆芯熔融机理严重事故现象学研究，提升严重事故预防和缓解技术（设计、模拟、实验及验证）以及事故管理水平；开发耐事故燃料，提高反应堆固有安全水平；开展保障安全壳完整性研究，以应对安全壳隔离失效、安全壳旁路和安全壳早期失效和其他导致安全壳包容功能失效的事故序列；关注剩余风险，采取安全壳过滤及储罐的技术方案，保障在极端情况下，实现放射性物质的“贮存、处理、封堵、隔离”，保障核电厂即使发生极端严重事故，放射性物质释放对环境的影响也是可控的，从而保障环境安全。

2. 第三代先进压水堆核电经济性有待提高

第三代压水堆安全性能更好、发电效率更高，燃料经济性也更好，但是目前第三代核电首堆建设普遍延期，首堆造价高于第二代堆。实现安全性与经济性的平衡是第三代核电发展面临的现实挑战，也是所有承建商和运营商的共同目标。这一目标可以通过一系列措施实现，包括优化设计，采用标准化、模块化技术降低制造和建设成本，充分利用首堆建设项目的经验教训。在运营方面，尽量保证核电按照基础负荷发电。随着未来可再生能源发电量逐渐增大，应考虑到各项发电技术的特性，从电力系统和市场的角度来更好地整合核能、火电和可再生能源，避免发电量损失，提升成本效益。

3. 各国普遍重视小型模块化反应堆开发

一体化模块式小型反应堆安全性好，适于中小型电网的供电、城市区域供热、工业工艺供热和海水淡化等多个领域应用的需求，在这些特殊场合比其他能源形式更具竞争力。小型模块化反应堆类型多样，目前在建的有阿根廷（CAREM）和中国（HTR-PM），其他在近期有部署可能的类型如 mPower、NuScale 电力公司和西屋公司的小型模块化反应堆，在美国设计的 Holtec 小型模块化反应堆，韩国的 SMART，以及我国的 ACP100 等。

4. 第四代先进核能系统初现端倪

第四代核能系统最显著的特点是强调固有安全性，这是解决核能可持续发展问题的关键环节。美国 2000 年发起“第四代核能系统国际论坛（GIF）”，希望能更好地解决核能发展中的可持续性（铀资源利用与废物管理）、安全与可靠性、经济性、防扩散与实体保护等问题。GIF 提出 6 种堆型，包括钠冷快堆（SFR）、铅冷快堆（GFR）、气冷快堆（LFR）、超临界水堆（SCWR）、超高温气冷堆（VHTR）和熔盐堆（MSR）。行波堆和 ADS 也可以满足第四代堆的要求。上述 8 种堆型处在不同的发展阶段，详见表 1-1。其中钠冷快堆和超高温气冷堆基础较好。除超高温气冷堆和行波堆适宜采用一次通过后处理，其他几种堆型都适宜采用闭式燃料循环。

表 1-1　第四代反应堆发展现状

堆　型	作　用	技术发展阶段
钠冷快堆	闭式燃料循环	商业示范堆建成
铅冷快堆	小型化多用途	关键工艺技术研究
气冷快堆	闭式燃料循环	目前有关键技术难于克服
超临界水堆	在现有压水堆的基础上提高经济性与安全性	关键技术和可行性研究
超高温气冷堆	核能的高温利用	示范工程开工建设
熔盐堆	钍资源利用	关键技术和可行性研究
行波堆	提高铀的利用率	关键工艺技术研究
ADS	嬗变	关键工艺技术研究

1.2.5　核能技术应用政策比较分析

1. 各国发展核能态度综述

福岛核事故客观上延缓了各国对发展核能的预期，但这种影响在逐渐减弱。德国、比利时和瑞士在事故前就对发展核电有争议，事故后决定逐步停止使用核能。日本一度关停了所有核电，目前迫于能源供应压力希望重启核电，但仍面临公众压力。美国、法国、俄罗斯、英国、韩国、印度、中国等有核国家仍然坚定发展核电。波兰和土耳其等国即将成为欧洲新兴核电国家。中东地区的伊朗和阿联酋等新兴核电国家对核电发展表示出浓厚兴趣。沙特阿拉伯、越南、孟加拉国、泰国、印度尼西亚、马来西亚、菲律宾等亚洲无核国家也打算发展核电。

美国坚持核能为国家长期能源战略，核电比重在较长时期内不会改变。美国2012年开始重启核电建设，先后有4台AP1000开工建设，另有6台AP1000获得批准。开工的4台机组均存在费用严重超支，其中两台已经被迫中止建设，另外两台在政府的支持下继续建设。近年来美国能源部特别重视SMR的发展，计划用SMR替代淘汰的小型燃煤发电厂。法国基于能源多样化长远考虑，计划2025年将核能比例由75%降到50%。俄罗斯推行稳定的核能发展战略，包括发展第四代快堆技术；计划到2028年前每年一台大型机组并网发电。俄罗斯的核电出口和快堆技术在国际处于领先地位。英国已经制订了一个重大的新建项目规划，用于取代即将退役的核电站，但目前进展缓慢，预计将延后。韩国2009年从阿联酋获得了首个出口合同并希望将出口扩大到其他中东国家和非洲，计划2035年将核电装机容量提升到总发电量的29%。印度制订了庞大的核能发展计划，曾经期望在2020年核电装机容量达到20 GW，但实际只建成6.5 GW。尽管如此，印度还是对未来几十年内大幅度提升核电份额寄予厚望。

2. 主要有核国家燃料循环策略

美国政府对燃料循环采取“边走边看”的态度，目前基于防核扩散和经济性的考虑，主张采用“一次通过”的开式循环。一些智库，包括麻省理工学院在2011年《核燃料循环的未来》报告中仍然认为“今后50年内最佳选择是开放式的一次通过循环燃料系统”；主张采用闭式循环的呼声也从未中断，例如2005年后曾提出AFCI倡议和GNEP倡议，试图恢复包括后处理和快堆在内的核燃料闭式循环技术路线。

俄罗斯一直坚持走基于快堆的闭式燃料循环路线，并制订了相应的快堆及其燃料循环发展计划，提出了分别基于BN800和BN-C系列快堆的燃料循环方案。

法国后处理技术和快堆技术都相对成熟、先进。在1990年建成的1000 t/年轻水堆后处理厂的基础上，原计划2020年建成MOX（钚铀混合氧化物）燃料和氧化铀燃料的先进后处理厂，2040年建成2000 t/年后处理能力的处理压水堆和快堆乏燃料的先进后处理厂，并采用UREX+1A流程。

英国一直坚持闭式燃料循环，1967年建成年处理能力1500 t的塞拉菲尔德二厂专门处理气冷堆燃料。年处理能力1200 t的Thorp可处理轻水堆和先进气冷堆乏燃料，该厂于1997投入商业运行，2001年后因事故一直停运。英国计划到

2025 年新建 16 GW 第三代核电，取代国内的气冷堆，这一阶段将采用开式循环；2050 年核电发展到 40 GW，发展热堆-快堆闭式燃料循环。

日本在福岛核事故前一直坚持闭式燃料循环路线。日本已经分离积累了相当量的工业钚，其中一部分想做成 MOX 燃料，放在热堆中使用。分离出的次锕系元素（MA）将和钚一起在快堆中嬗变。

印度提出了铀钚循环和钍铀循环相结合的燃料循环策略。在第一阶段发展铀钚燃料循环系统。印度更关注核燃料的增殖，认为 MA 的嬗变不紧迫，从实施策略上倾向于 MA 和钚一起循环。

韩国积极发展核电和燃料循环技术，但受到一定的外部条件制约。韩国发展快堆及其燃料循环的主要目的是 MA 嬗变以及钚的循环利用，倾向于采用超铀整体循环策略。

中国坚持发展闭式燃料循环。为解决制约中国核电发展的铀资源利用最优化和放射性废物最小化两大问题，统筹考虑压水堆和快堆及乏燃料后处理工程的匹配发展，通过重大科技专项解决在 PUREX 工艺流程基础上，先进无盐二循环工艺流程和高放废液分离流程工艺、关键设备、材料及仪控、核与辐射安全等技术，开展部署快堆及后处理工程的科研和示范工程建设，以实现裂变核能资源的高效利用。在核燃料闭式循环实现之前，开展乏燃料中间贮存技术和容器研制，以解决乏燃料的厂房外暂存问题；乏燃料后处理产生的高放废物将进行玻璃固化和深地质处置。

1.3　核能技术发展方向

1.3.1　核能发电领域科技发展存在的重大技术问题

1. 热堆规模化发展需要解决的技术问题

1）铀矿勘查、采冶开发需要加强。根据我国新一轮铀矿资源潜力评价的结果，在不考虑引入 MOX 燃料元件、发展快堆技术的前提下，国内天然铀只能满足近 1 亿 kW 压水堆核电站全寿期（60 年）运行所需。我国铀资源勘查程度低，考虑到从地质勘查到获得天然铀，再通过铀的转化、铀同位素分离和制造出核燃料元件入堆，至少需要15年以上时间，必须从现在开始加强地质勘查和采冶开发，以保证我国核电的可持续发展。

2）第三代先进压水堆安全性和经济性需要优化平衡。目前国内外在建的第三代压水堆如AP1000、EPR都有不同程度的延期，造成首堆经济性较差。核电站对安全和质量的要求极高，建设过程的每个链条、每个环节，特别是关键路径上的任何一个环节出现问题都可能影响工期从而影响经济性。对于核电经济性逐步变差这一局面，核电项目从业者、行业管理者等相关各方普遍意识不够，亟待开展系统性的研究工作。

3）核能规模化发展阶段核设施运行与维修技术需要升级。现有的部分检维修工作需要投入大量人力、耗费大量时间，并且工作强度大、辐射剂量高、出错概率和风险大，属于“低端手工式”作业。当存在大量老化机组时，必须全面升级运行维修技术，实现“高端智能式”作业。另外，当存在大量老化机组时，设备设施失效可能性和风险同时增大，特别是多个设备同时失效导致严重事故的可能性将会增加。核电设备可靠性、老化管理技术及应急响应技术都需要尽快完善和提高。

4）核电设备制造工艺尚需不断完善和固化，一些关键技术还需突破。2006年以来，核电国产化战略不断深入推进，核电设备制造能力和技术水平得到大幅提升。目前第二代改进型核电设备国产化率达到85%，具备8~10台套的批量制造产能。第三代核电“华龙一号”首堆建设国产化率将不低于85%，批量化建设后设备国产化率不低于95%，关键设备供货可以依托现有核电机组已经形成的国产化能力。CAP1400设备国产化率也有望超过85%。值得注意的是，核电装备的全面发展，也就是最近10年的事情。核电设备设计和生产环节衔接不够紧密，很多加工制造工艺还需要不断完善和固化，这样产品质量才能稳定和提高。另外，部分高端阀门、AP系列屏蔽主泵、数字化仪控系统等关键技术还需突破。

5）核电软件能力建设急需加强。近几年来，我国核电软件自主化开发取得关键突破，中国核工业集团有限公司（以下简称中核集团）的NESTOR以及国家核电技术公司的COSINE相继发布，结束了我国核电没有自主设计软件的历史，为自主第三代核电推广打下了坚实的基础。美国和欧盟正在开发“数值反应堆技术”，旨在以高性能计算技术为基础，利用多物理、多尺度耦合技术建立一个具有预测反应堆性能的虚拟仿真环境，并先后启动了 CASL、NEAMS、NURESAFE 等项目。国内应该联合优势力量，争取在新一轮的核能软件研发领域赶上欧美发达国家的步伐。

6）压水堆乏燃料的贮存、后处理及废物处置环节需加强。2020 年，我国核电站乏燃料累积存量约 7000 t，每年从核电站卸出的乏燃料接近 1000 t，其后每年从核电站卸出的乏燃料将随核电站总装机容量的增加而递增。目前后端能力产能难以满足核电规模化发展对于乏燃料处理的需求。急需开展后处理能力建设，并配套发展离堆贮存技术，解决目前的核电乏燃料后处理和堆内贮存矛盾。高放废物处置工作需要尽快展开。

2. 快堆和第四代堆发展需要解决的技术问题

1）核裂变燃料的增殖。虽然短期内不存在铀资源制约问题，但我国核电长期规模化发展仍面临燃料供应不足的风险。压水堆对铀资源的利用率仅约 1%，快堆理论上可以将铀资源利用率提高到 60%以上，有望成为一种千年能源，但其研发投入还比较欠缺。钠冷金属燃料快堆增殖比高，配合先进干法后处理可以实现较短的燃料倍增时间，有利于核能快速扩大规模，应该及早开展相关基础研究。

2）超铀元素分离与嬗变。超铀元素是宝贵的核燃料，如果不加利用就会成为高放废物，它的处理是影响公众核电接受度的重要问题。采用一次通过式燃料循环，需要地质处置的高放废物将随着核电运行逐渐积累，长期环境风险较大。为建立基于快堆的闭式燃料循环，需要发展先进的湿法后处理和干法后处理技术。超铀元素的嬗变需要开发专用嬗变快堆或者 ADS。

3）先进核能的多用途利用。除了发电，核能在供热和核动力领域都很有发展潜力。开发超高温气冷堆、铅冷快堆等小型化多用途堆型，可以作为核能发展的重要补充。

4）第四代堆型的定位和取舍。第四代堆堆型很多，处在不同的发展阶段，一个国家没有必要、也没有能力全面发展。因此，应该加强核能战略研究，明确各种堆型发挥的作用、技术成熟度和发展的空间。行波堆、超临界水堆、熔盐堆、气冷快堆等堆型都有各自的优点和面临的挑战，是否应该发展以及怎样发展都是需要进一步研究的问题。

3. 受控核聚变科学技术需要解决的技术问题

实现受控核聚变主要有磁约束和惯性约束两种途径，两者均处于不同探索阶段，距离聚变能源的要求还比较远。磁约束聚变界正在联合建造ITER，将在ITER上研究稳态燃烧等离子体各类物理与技术问题，验证开发利用聚变能源的科学可行性和工程可行性。惯性约束聚变首先需要解决聚变点火问题。

实现大量聚变反应所需的关键技术，对磁约束聚变而言是加热、约束（实现聚变）和“维持”（长时间或平均长时间的聚变反应）；对惯性约束而言则是压缩、点火和“高重复频率点火”。未来的磁约束聚变装置必须以长脉冲或者连续方式运行，以便获得可控的聚变能量并稳定输出；惯性约束聚变要能获得大量聚变能量，必须实现以高重复频率点火方式运行，这具有相当大的挑战。

聚变能源商业应用前还面临研制能耐高能中子辐照的材料，建立能够实现氚自持的燃料循环等诸多工程技术挑战。发展聚变-裂变混合堆有可能促进聚变能提前应用，其在未来能源中的竞争力尚需与第四代堆及聚变堆进一步评估后确定。

1.3.2 研究和把握核能发电领域科技发展态势和方向

1. 热堆是2030年前核电发展主力

压水堆技术的未来总体发展方向是围绕核能利用长期安全稳定及效能最大化。安全性仍然是核电发展的前提，可以在先进核燃料研发、严重事故机理研究、完善先进理念的安全系统、设置完善的严重事故预防和缓解措施、增强对外部事件的防御能力应用、实施核废物最小化等方面开展改进研究。

实现安全性与经济性的优化平衡是第三代核电发展面临的现实挑战。可以通过应用简化理念、数字化设计体系、标准化设计、可靠性设计、安全审评国际范式以降低设计研发成本；通过推动设计制造一体化、设备国产化、标准化牵引装备制造提高产品质量、提升制造效能；通过应用模块化理念、设计简化减少管道焊缝、开顶施工等技术降低建造成本、缩短工期；通过提高燃料可利用率、在线监测、智能诊断等技术减少备品备件，实现电站高效运营。

压水堆乏燃料的干式贮存、后处理、高放废物处置需要统筹考虑，合理布局。

2. 快堆及第四代堆是核能下一步的发展方向

预计 2030 年前后将有部分成熟第四代堆推向市场，之后逐渐扩大规模。钠冷快堆是目前第四代堆中技术成熟度最高、最接近商用的堆型，也是世界主要核大国继压水堆之后的发展重点。钠冷快堆首先需要通过示范堆证明其安全性和经济性。快堆配套的燃料循环是关系快堆能否规模化发展的关键，涉及压水堆乏燃料后处理、快堆燃料元件生产及快堆乏燃料后处理等环节。如果非常规铀开发，比如海水提铀技术取得突破，那么快堆能源供应的需求会弱化，嬗变超铀元素和长寿命裂变产物的需求会强化。也就是说，类似海水提铀类的技术突破会使快堆的定位从增殖转向嬗变，发展规模相应减少，但快堆及其燃料循环发展还是必需的。考虑到快堆燃料循环的建立需要数十年的时间，应该及早开展相关研究工作，加强技术储备。

我国的高温气冷堆技术世界领先，在此基础上发展超高温气冷堆，将是核能多用途利用的重要方式之一。其他第四代堆技术尚处于研发阶段，在某些技术上具有一定的优势，但也存在着需要克服的工程难题。

3. 聚变能源是未来理想战略能源

聚变能源比裂变能源更加清洁、安全且资源比较丰富，是未来理想的战略能源之一。磁约束聚变领域，托卡马克（Tokamak）研究目前处于领先地位。我国正式参加了 ITER 项目的建设和研究；同时正在自主设计、研发 CFETR。在惯性约束领域，Z 箍缩作为能源更具有潜力，我国提出的 Z 箍缩驱动聚变-裂变混合堆更有可能发展成具有竞争力的未来能源。实现聚变能的应用尚未发现任何捷径，但需要继续关注国际聚变能研究的新思想、新技术和新途径。

1.4　核能技术体系

1.4.1　重点领域

1）压水堆研发领域。压水堆领域主要分为两方面，一方面是基于核电站的生命周期，另一方面则是基于核燃料循环的研发领域。核电站生命周期领域的研发主要涉及设计和施工、装配和建设、运行、发电和产热、维护和资源扩展、中低放废物处理和处置、退役等方面。核燃料循环领域的研发主要涉及铀矿开采、铀转化、铀浓缩、核燃料制造和再加工、乏燃料的回收和处置、高放废物处置等方面。

2）快堆及第四代堆技术研发领域。第四代堆堆型多，技术特点各异，全面开发是不太现实的。我国应以现阶段技术成熟度最高的钠冷快堆为主，同时发展以后处理为核心的燃料循环技术，解决裂变燃料增殖与超铀元素嬗变挑战。适当地发展超高温气冷堆、铅冷快堆等固有安全性好、用途灵活的小型化反应堆，可作为核能多用途利用的有力补充。适时开发用于嬗变的专用快堆或者ADS，大幅减少需地质处置的高放废物量，提高公众接受度。其他堆型，国际经验尚不足，如有发展要求，建议加强开展基础研究和应用研究。

3）受控核聚变技术研发领域。聚变能源开发难度非常大，需要长期持续攻关，乐观预计在2050年前后可以建成商用示范堆，之后再发展商用堆。磁约束聚变方面要深入参加ITER计划，全面掌握聚变实验堆技术，积极推进CFETR主机关键部件的研发，适时启动CFETR项目的全面建设。惯性约束聚变方面，鼓励Z箍缩聚变尽快实现点火，探索Z箍缩驱动的惯性约束聚变-裂变混合堆。

1.4.2 关键技术

根据课题研究成果，本书凝练出如下时间节点预期实现的关键技术。

创新性技术（2020年前后）：自主第三代核电形成型谱化产品，带动核电产业链发展；小型模块化压水堆示范工程开工。

前瞻性技术（2030年前后）：以耐事故燃料为代表的核安全技术研究取得突破，全面实现消除大量放射性物质的释放，提升核电竞争力；实现压水堆闭式燃料循环，核电产业链协调发展；钠冷快堆等部分第四代反应堆成熟，突破核燃料增殖与高放废物嬗变关键技术；积极探索小型模块化反应堆（含小型压水堆、高温气冷堆、铅冷快堆）多用途利用。

颠覆性技术（2050年前后）：实现快堆闭式燃料循环，压水堆与快堆匹配发展，力争建成核聚变示范工程。

下面按照 3 个领域分别阐述。

1. 压水堆领域

我国推出了以“华龙一号”和 CAP1400 为代表的自主先进压水堆系列机型，可实现“从设计上实际消除大量放射性物质释放的可能性”，是核电规模化建设的主力机型。根据确定的进度，在 2020 年前后，形成自主第三代核电技术的型谱化开发，开展批量化建设，带动核电装备行业的技术提升和发展；全面实施中低放废物的处理，制定轻水堆的延寿和退役方案；通过开展核燃料产业园项目整合核燃料前端产能；突破关键技术，实现后处理厂示范工程及商业规模工程的建设；在核能的多用途利用方面，开发小型模块化反应堆技术，建设陆上示范工程实现热电联产和海水淡化，同时推动浮动核电站建设，开拓海洋资源；在 2030 年左右，完成耐事故核燃料元件开发和严重事故机理及严重事故缓解措施研究；形成商业规模的后处理能力，与快堆形成闭式核燃料循环，建立地质处置库；在 2030—2050 年实现压水堆和快堆匹配发展。

核电安全发展的目标是做到消除大量放射性物质的释放，能够达到减缓甚至取消场外应急。为实现技术目标，首先需要研究如何增强固有安全性，通过先进核燃料技术和反应堆技术研究创新应用，保证发生事故的概率足够小；同时需要研究堆芯熔融机理，通过开展堆芯熔融物在堆内迁移以及堆外迁移的主要进程和现象研究，优化完善严重事故预防与缓解的工程技术措施和管理指南等，包括堆内熔融物滞留技术、堆芯熔融物捕集器和消氢技术等；实现保障安全壳完整性研究，包括安全壳失效概率计算、源项去除等预防及缓解措施，应对安全壳隔离失效、安全壳旁路和安全壳早期失效和其他导致安全壳包容功能失效的事故序列；最后需要关注剩余风险保障措施，确保即使发生极端严重事故，放射性物质释放对环境的影响也是可控的，从而保障环境安全。

根据 2016 年 OECD 发布的铀资源红皮书，按照 2014 年全球天然铀消耗量推测，全球已探明铀资源完全可以满足未来 135 年核电发展需求。为保证我国核电规模化发展对于铀资源的需求，重点发展深层铀资源和复杂地质条件下空白区铀资源勘查技术。通过创新深部铀成矿理论体系和发展深部铀资源勘查开发技术，开辟深部第二、第三找铀空间，通过拓展复杂地质条件下空白区的找矿，推进新类型铀矿的发现，提供更多铀资源战略接替和后备基地。突破深部铀资源开发的关键技术，地浸铀资源的利用率由70%提高到80%以上，地浸停采浸出液含铀浓度降到5 mg/L以下。建成集约化、数字化的硬岩铀矿山。推动盐湖和海水提铀技术实现工程化，实现非常规铀资源的经济开发利用。

随着核电规模快速增长，面临着乏燃料贮存和处理日益增加的需求，为解决制约中国核电发展的铀资源利用最优化和放射性废物最小化两大问题，统筹考虑压水堆和快堆及乏燃料后处理工程的匹配发展，通过重大科技专项解决在PUREX工艺流程基础上，先进无盐二循环工艺流程和高放废液分离流程工艺、关键设备、材料及仪控、核与辐射安全等技术，开展部署快堆及后处理工程的科研和示范工程建设，以实现裂变核能资源的高效利用。乏燃料后处理产生的高放废物将进行玻璃固化和深地质处置；在核燃料闭式循环实现之前，开展乏燃料中间贮存技术和容器研制，以解决乏燃料的厂房外暂存问题。

掌握我国中等深度处置废物源项参数，确定处置库候选场址，提出中等深度处置库工程设计总体参考方案，完成中等深度处置初步安全评价，以满足我国放射性废物中等深度处置库建造基本条件。我国正在开展高放废物地质处置的地下实验室研究，计划未来5~10年内完成高放废物地质处置库工程关键技术研究。

此外，我国正在研究开发ADS，利用ADS或快堆可嬗变乏燃料后处理后裂变产物中长寿命、高放射性核素，使其转化为短寿命核素，乏燃料中90%以上的铀和钚将得到再利用，2%~3%的高放废物将进行玻璃固化，然后深地质埋藏，可以说核废物不会对环境和人类带来影响。

2. 快堆及第四代堆领域

钠冷快堆是解决我国核能可持续发展的关键，直接关系到未来核能在国家长期能源发展中的地位。

将中国实验快堆建成中国闭式燃料循环技术的研发平台，重点开展快堆新燃料与新材料的研发与辐照考验工作，开展含MA的快堆乏燃料后处理工艺研究，并适时开展相关工艺验证。

争取2023年建成60万kW MOX燃料快堆示范工程，建立国际水平的快堆设计的协同设计软件平台，具备大型快堆设计的核心技术。开展符合第四代安全目标示范快堆技术研发与设计工作，技术上实际消除大量放射性物质释放的可能性，降低厂外应急的需求。进行关键设备的研发与验证，解决蒸汽发生器、控制棒驱动机构、主泵、大型钠阀等关键设备的研发与国产化问题，为商用快堆积累技术与经验。形成大型快堆的系统综合验证能力，自主建设或借助国际合作，形成快堆零功率、堆本体热工水力、全堆芯流量分配、事故余热排除系统、严重事故试验等系统综合验证能力。建立与示范快堆相匹配的 MOX 燃料生产线，开展核燃料循环中的压水堆乏燃料后处理后送入快堆燃烧的工业规模验证。

积极研发百万 kW 级商业快堆技术。开展金属燃料的技术研发工作，进一步提高快堆的固有安全性与增殖嬗变能力。开展快堆乏燃料干法后处理的研究，最终实现全部重金属（U、Pu、MA）随厂址的燃料制造—反应堆—后处理闭式循环系统。开展完全自然对流的非能动事故余热排除系统研究，技术上取消厂外应急的需求。

超高温气冷堆在提高发电效率、高温热工艺应用、核能制氢等方面都有发展优势。我国具有自主知识产权的 20 万 kW 级模块式高温气冷堆商业化示范电站目前已进入调试阶段，近期将投入商用。在此基础上开展 60 万 kW 级多模块群堆核能发电技术研究和应用，全面掌握高温商用堆技术。在现有蒸汽透平循环发电技术的基础上开发超超临界发电技术，使高温气冷堆核能发电的经济性得到大幅提升。开展超高温气冷堆技术和氦气透平直接循环发电技术的研发和工程验证，最终形成成熟的工业化应用的超高温气冷堆氦气透平循环发电技术。

铅冷快堆中子能谱硬、安全性高，在增殖与嬗变方面可能更有优势，小型化多用途利用是其主要发展方向。预计 2030 年进入铅铋冷却先进反应堆工程示范堆的运行阶段，在核电和核动力领域形成具有广阔应用前景的产品和技术体系。

ADS 具有更高的嬗变效率与安全性，但经济性可能较差。需要重点解决加速器驱动核废料嬗变技术和配套的燃料循环技术。预计 2030 年建成热功率几百兆瓦的示范装置。

超临界水堆热效率高，技术继承性较好，可能是压水堆进一步发展与改进的方向。国际上正在开展关键技术攻关和可行性研究，热中子谱超临界水堆技术路线比较容易实现。

熔盐堆以氟化盐为燃料载体冷却剂，适合于钍资源高效利用、高温核热综合利用以及小型模块化反应堆应用。可以首先开展固态和液态两类钍基熔盐堆关键技术研究。

行波堆是一种特殊设计的快堆，采用一次通过达到深度燃耗，显著提高铀资源利用率（5%~10%）。需要首先研发能耐长期高能中子辐照的燃料与结构材料。

气冷快堆安全性挑战严峻，暂时以跟踪国际研究为宜。

3. 受控核聚变科学技术领域

磁约束聚变方面，我国积极参与ITER国际合作，全面掌握聚变实验堆技术。目前国际磁约束聚变研究主要力量都集中在ITER计划，ITER装置计划在2025年进行首次等离子体放电。ITER计划的成功实施，将初步验证聚变能源开发利用的科学可行性和工程可行性，是人类受控热核聚变研究走向实用的关键一步。ITER需要解决的关键科学技术问题也正是国内EAST装置和HL-2A装置需要深入研究的科学技术问题。我国通过参加ITER计划，承担制造ITER装置部件，在为ITER计划做出相应贡献的同时，培养人才、享受ITER计划所有的知识产权，并希望能因此全面掌握聚变实验堆技术。

ITER的科学目标包括：①集成验证先进托卡马克运行模式；②验证“稳态燃烧等离子”体的物理过程；③研究氘氚聚变反应中的α粒子物理；④燃烧等离子体控制；⑤新参数范围内的约束定标关系；⑥加料和排灰技术等。

ITER计划验证的聚变堆的工程技术问题包括：①大型超导磁体及其相关的供电与控制技术研究；②稳态燃烧等离子体产生、维持与控制技术，即无感应稳态电流驱动技术、堆级稳态高功率辅助加热技术、堆级等离子体诊断技术、等离子体位形控制技术、加料与排灰技术的研究；③高热负荷材料试验；④屏蔽包层技术，包括中子能量慢化及能量提取、中子屏蔽及环保技术研究；⑤包层模块（TBM）实验研究，包括低活化结构材料试验，氚增殖剂、氚再生、防氚渗透等实验研究，氚回收及氚纯化技术研究；⑥热室技术，包括堆芯部件远距离控制、操作、更换及维修技术研究。

CFETR 项目除了要全面吸收、掌握 ITER 装置相关科学技术的最新研究成果之外，为了在聚变堆上实现稳态运行，获得聚变能量，还需考虑氚的连续加料技术、稳态燃烧物理与技术、增殖包层技术、氚的快速在线提取与回收技术以及装置材料的中子辐照等科学技术问题。

惯性约束聚变领域，Z 箍缩有可能发展为聚变-裂变混合能源。当前首要任务是实现单发点火，之后将重点发展 Z 箍缩驱动聚变-裂变混合堆 Z-FFR 有关技术。Z-FFR 关键技术包括可长期重复运行的大电流脉冲功率驱动器、局部体点火能源靶和次临界能源包层。开发 LTD 型驱动器，电容器标称储能不大于 100 MJ，峰值电流为 60~70 MA，上升前沿为 150~300 ns，运行频率为 0.1 Hz。点火靶聚变能量增益 $Q \geqslant 100$；天然铀次临界能源包层能量放大 10~20 倍。

Z-FFR 概念立足于近期可以达到的聚变参数（聚变功率为 150~300 MW），减少后处理频率（5~10 年一次后处理），降低后处理难度（主要采用干法处理，不需分离超铀元素，不需对次锕系元素单独进行嬗变处理），采用天然铀为裂变燃料，换料时可只添加贫铀，通过燃料多次复用大幅提高铀资源利用率，包层处于深度次临界状态，具有固有安全特征，是一种有前景的千年能源。

1.5　核能技术发展路线图

1.5.1　核能发展总体路线图

基于核能发展“三步走”战略以及国际核能研究最新发展趋势，我国核能发展近中期目标是优化自主第三代核电技术，实现核电安全、高效、规模化发展，加强核燃料循环前端和后端能力建设；中长期目标是开发以钠冷快堆为主的第四代核能系统，大幅提高铀资源利用率、实现放射性废物最小化、解决核能可持续发展面临的挑战，适当发展小型模块化反应堆、开拓核能供热和核动力等利用领域；长远目标则是发展核聚变技术。

按照《核电中长期发展规划（2011—2020 年）》，2020 年我国核电运行装机容量达到 5800 万 kW，在建容量达到 3000 万 kW（由于福岛事故后国家对核电项目的审批更加审慎，该规划落实有所滞后。截至 2020 年年底，实际建成 5100 万 kW，在建 1430 万 kW）。根据非化石能源占比逐渐增长的趋势，结合国内能源结构，预计 2030 年核电运行装机容量约为 1.5 亿 kW，在建容量为 5000 万 kW，国内总电量需求为 8.4 万亿 kW · h，核电发电量占 10%~14%，达到国际平均水平，实现规模化发展。

2030 年前后，第四代堆将逐渐推向市场，发展方向将主要取决于对燃料增殖或者超铀元素嬗变紧迫性的认识，目前预测发展规模有较大不确定性。预计 2050 年我国先进核能系统发展初具工业规模，基本实现压水堆与快堆的匹配发展，核电装机容量有望达到 3 亿~4 亿 kW。

聚变能源是人类社会可持续发展未来理想战略新能源之一，但是其开发难度极大，2050 年后有望建成聚变示范堆。

海水提铀、第四代核能系统、钍铀循环、聚变能源及聚变–裂变混合能源都属于能源领域颠覆性技术，一旦取得突破，必将对未来的能源格局产生深远影响。图 1–1 是核能总体发展路线图。图 1–2 是核能技术发展路线图。

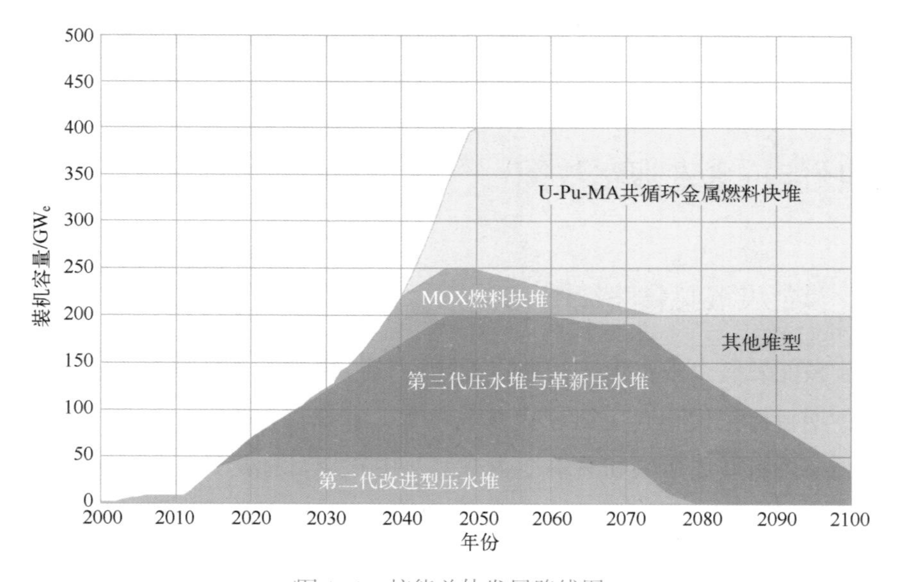

图 1–1　核能总体发展路线图

注：1. 核能总规模人为限定在 400 GW，压水堆规模限定在 200 GW。

2. 其他堆型主要指 MOX 燃料革新型压水堆，也包括小型模块化压水堆、超高温气冷堆、铅冷快堆、ADS 以及聚变堆、聚变–裂变混合堆等。

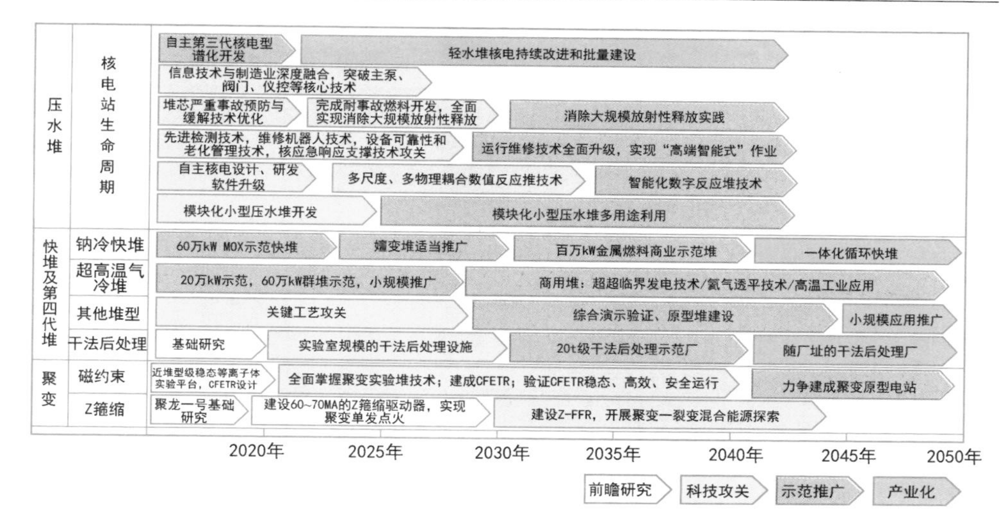

图 1-2 核能技术发展路线图

1.5.2 压水堆发展路线图及备选技术

1. 路线图

2020 年前后，形成自主第三代核电技术的型谱化开发，开展批量化建设；全面实施中低放废物的处理，制定轻水堆的延寿和退役方案；通过开展核燃料产业园项目整合核燃料前端产能；关键技术取得突破，商业规模的后处理厂开工建设；开发小型模块化反应堆技术，建设陆上示范工程实现热电联产和海水淡化，同时推动浮动核电站建设，开拓海洋资源。

2030 年前后，完成耐事故核燃料元件开发和严重事故机理研究，改进和增强严重事故预防和缓解措施，进一步完善“实际消除大量放射性物质释放”的应对措施；形成商业规模的后处理能力，与快堆初步形成闭式核燃料循环。

2050 年前后，压水堆和快堆匹配发展，实施可持续的燃料循环，建立地质处置库。

图 1-3 是压水堆发展路线图。

2. 备选技术

1）铀资源勘查技术。重点开展深部铀成矿理论创新与资源突破重大基础地质研究；“天空地深”一体化铀资源探测技术研发与装备研制。

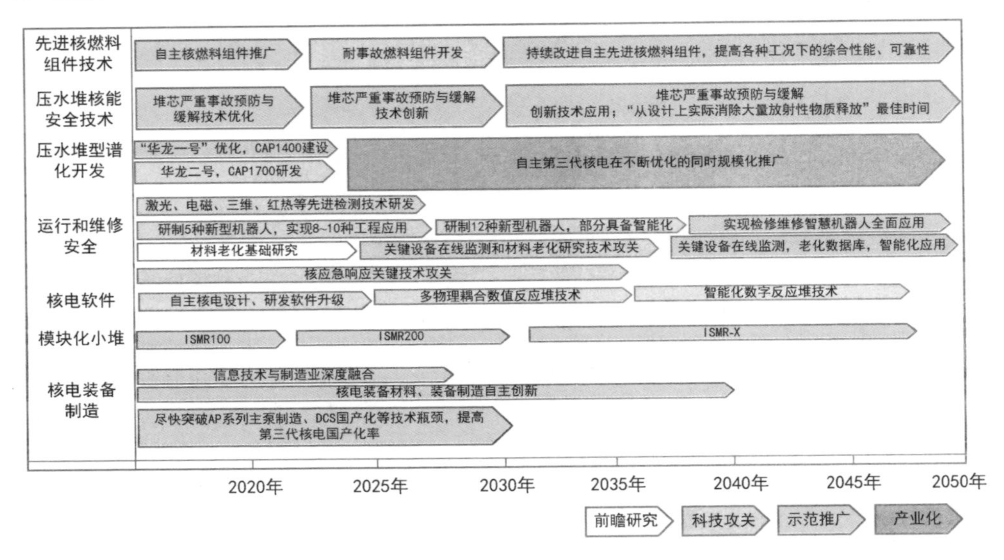

图 1-3　压水堆发展路线图

2）铀资源采冶技术研究。重点开展深部铀资源常规开采技术研究；地浸采铀高效钻进与成井技术研究；复杂难浸铀资源地浸高效浸出技术研究；绿色、智能地浸采铀技术研究；黑色岩系型、磷块岩型低品位铀资源开发技术研究；盐湖、海水提铀技术研究。

3）同位素分离技术。重点开发激光抑制凝聚法同位素分离技术。

4）先进核燃料组件技术。重点开发“华龙一号”和 CAP 系列压水堆自主先进核燃料组件；耐事故燃料组件技术选型、研制及应用。

5）压水堆核能安全技术。重点开展堆芯熔融机理和严重事故现象学研究；完善严重事故预防与缓解技术；实现“从设计上实际消除大量放射性物质释放的可能性”。

6）运行和维修安全技术。重点发展先进检测技术；核电站检、维修机器人技术；设备设施可靠性和老化管理技术；核应急响应支撑技术。图 1-4 是运行维修技术路线图。

7）智能化核电站技术。重点开发数字化设计体系；核电厂健康管理平台；全生命周期知识管理体系。近期以自主第三代核电开发为契机，实现核电设计与研发软件的完全自主化；中期以高性能计算为基础，实现设计分析的精细化

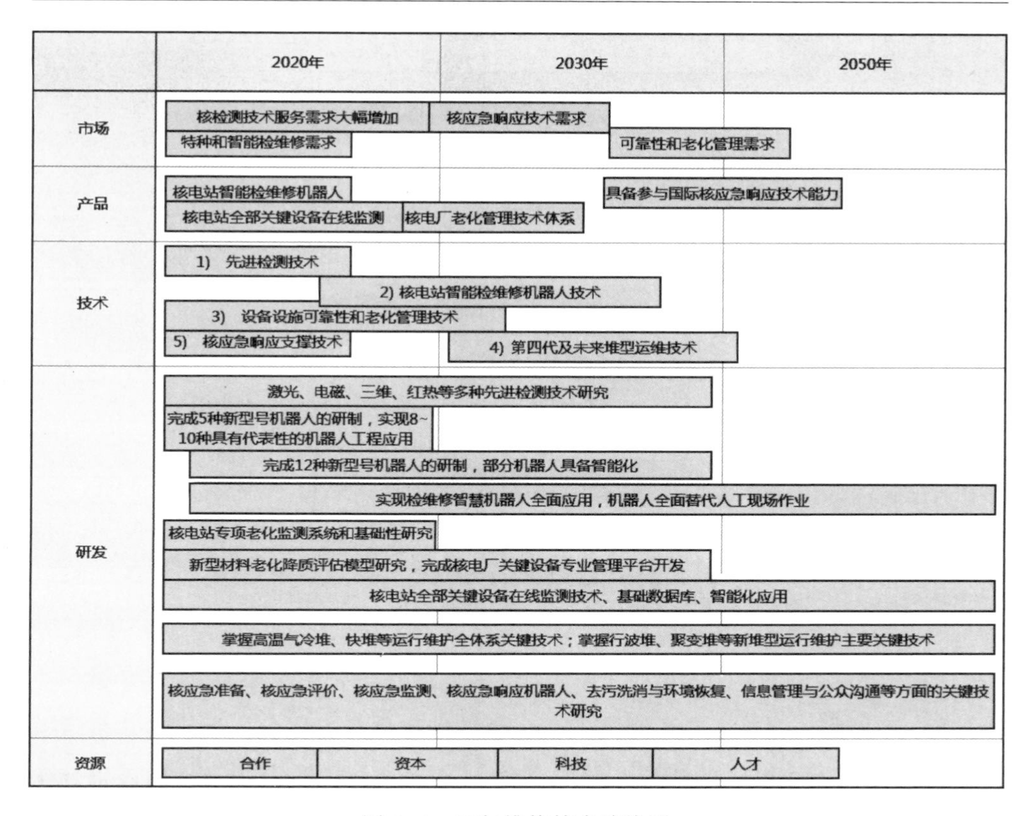

图 1-4　运行维修技术路线图

与多物理场耦合，发展数值反应堆技术；长期以大数据技术为基础，实现智能化的数字化核电厂。

8）一体化模块式小型反应堆技术。近期开发单模块 10 万 kW 级压水堆 iSMR100；中期研发单模块 20 万 kW 级完全一体化模块式压水堆 iSMR200；远期开发固有安全可用户定制的 iSMR-X 一体化模块式铅铋快堆。图 1-5 是小型模块化反应堆技术路线图。

9）核电装备制造技术创新。大型装备和精密机械的制造领域，涉及机械加工、焊接和热处理、装配制造、试验和检测等相关技术。新一代信息技术与制造业深度融合发展，推动 3D 打印、移动互联网、云计算、大数据、新材料等领域取得新突破。大型锻件制造领域，提高产品质量稳定性和成本控制。主泵制造技术领域，尽快实现 AP 系列主泵的国产化、自主化，摆脱依赖国外公司的被

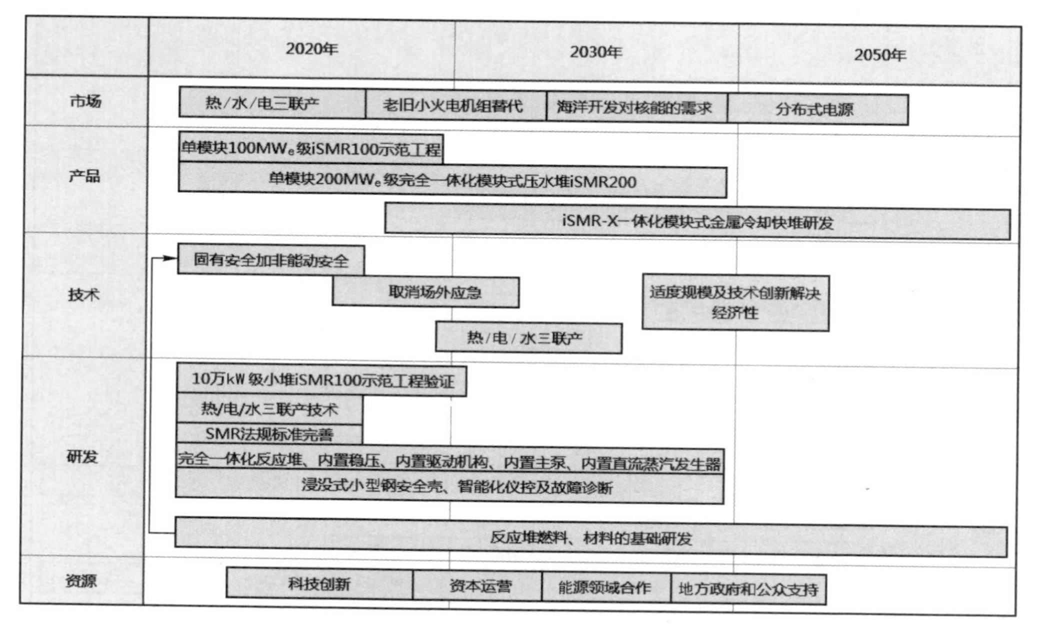

图 1-5 小型模块化反应堆技术路线图

动局面。“华龙一号”的主泵也要实现完全的国产化和自主化，解决密封件等关键零部件依赖国外供应的状况。核级阀门领域，攻关目标主要是长期被国外垄断的高端核级阀门，包括核一级稳压器安全阀、核二级主蒸汽安全阀、大口径汽水分离再热器先导式安全阀、核级调节阀等。数字化仪控领域，研发新型数字化仪控系统平台和设备、掌握数字化系统设备的关键核心技术、核电厂数字化控制系统整体解决方案研究和产品智能化研究、主控室的人工智能研究。图 1-6 是核电装备制造技术路线图。

10）核燃料循环后段技术。开展乏燃料中间贮存技术和容器研制。研究开发基于水法后处理工艺的、结合高放废液分离要求的先进的一体化后处理技术。研究掌握针对快堆的先进的干法后处理技术。研发核设施退役关键技术。放射性废物处理技术，包括高放射性废液玻璃固化、低中放废液水泥固化、低放废水深度净化、固体废物整备。废物处置技术，包括放射性废物中等深度处置、高放射性废物地质处置（矿山式处置）、高放射性废物地质处置（深钻孔处置）。

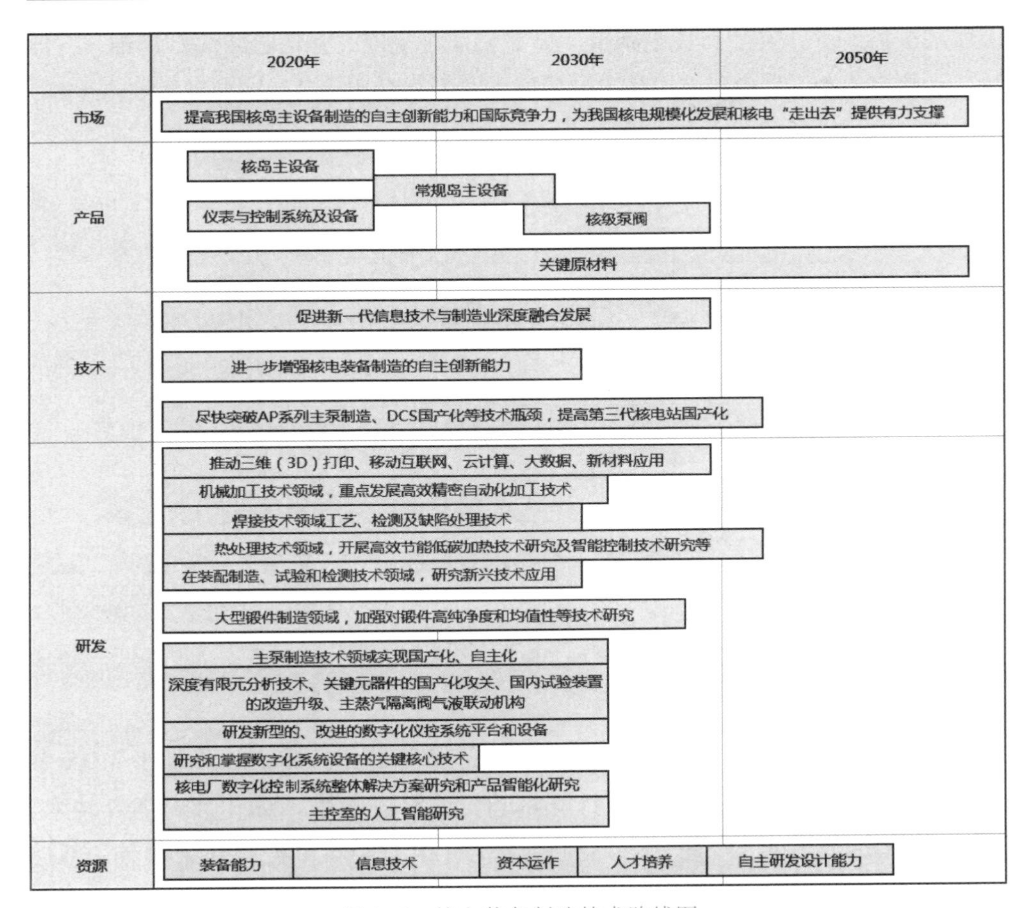

图 1-6　核电装备制造技术路线图

1.5.3　快堆及第四代堆发展路线图及备选技术

1. 路线图

快堆及第四代堆是核能可持续发展的关键环节，2030 年将有部分成熟堆型推向市场并逐渐扩大规模。我国应该以现阶段技术成熟度最高的钠冷快堆为主，尽快地实现商业示范，不断提高经济性并产业化推广。同时发展以后处理为核心的燃料循环技术并形成与核电相匹配的产业能力，力争 2050 年实现快堆与压水堆匹配发展。

适当地发展超高温气冷堆、铅冷快堆等固有安全性好、用途灵活的小型化反应堆，可作为核能多用途的有力补充。开发用于嬗变的专用快堆或者 ADS，大幅减少需地质处置的高放废物量，提高公众接受度。密切跟踪海水提铀、行波堆、超临界水堆、钍铀循环等技术的进展。图 1-7 是快堆及第四代堆技术路线图。

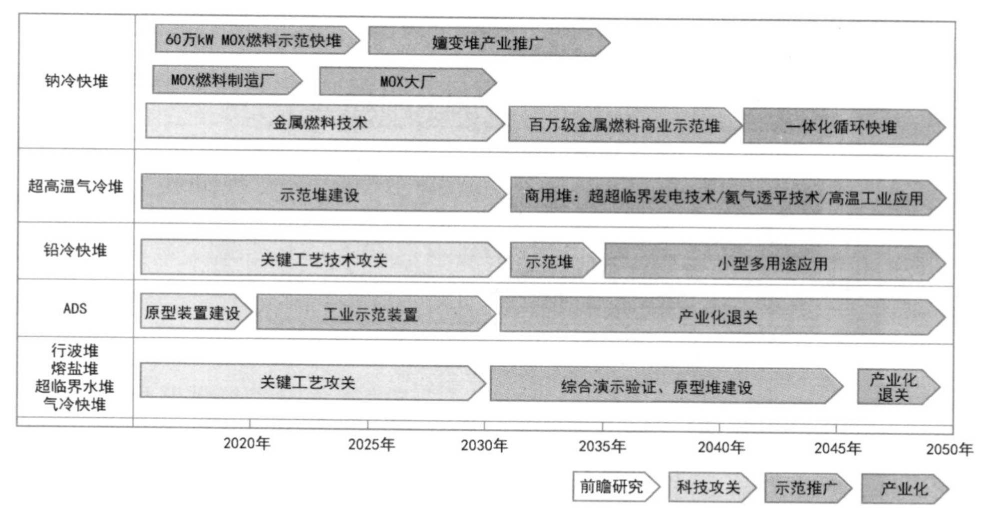

图 1-7　快堆及第四代堆技术路线图

2. 备选技术

1）一体化燃料循环的自主大型商用增殖快堆技术。目前快堆处于 MOX 燃料的开式燃料循环发展阶段，2035 年的目标是实现快堆一体化燃料循环技术，在实现高增殖的同时进行嬗变，重点包括：①开展先进的燃料技术研发，金属燃料或氮化物燃料能够进一步提高反应堆的固有安全性与热工裕量；②开展 MA 整体式循环嬗变技术研发，实现长寿命放射性废物的有效嬗变与总量控制；③开展非能动的停堆与余热排出等安全技术的研发，进一步提高快堆安全性；④开展先进设计分析及其评价技术研发，实现经济性与安全性指标的合理分配。

2）高放废物的分离和嬗变技术。压水堆乏燃料中的长寿命高放废物可以用湿法后处理分离，快堆乏燃料中的长寿命高放废物可以用干法后处理分离。将这些高放废物在专用嬗变快堆或者 ADS 内焚烧，可以有效减少高放废物量，减轻地质处置压力，提高公众对核能的接受度。近期建立配套完整的干法后处理实验设施，开展 MOX 快堆乏燃料和金属元件乏燃料干法后处理研究，根据核电反应堆燃料发展实际，确定我国干法后处理技术发展路线。2030 年，建立 MOX

燃料干法后处理的中间规模试验设施。开展快堆嬗变靶的干法后处理分离工艺研究，确定嬗变靶的分离工艺。密切跟踪行波堆研发进展，如果燃料与结构材料研发取得突破，能够耐受长期高能中子辐照，将大幅提高铀资源利用率并减轻后处理压力。

3）核能多用途利用技术。提高高温气冷堆冷却剂出口温度，有利于提高热电转换效率并开拓核能高温供热市场。高温气冷堆蒸汽透平循环超超临界发电技术，热电转换效率可达 40%；超高温气冷堆氦气透平循环发电技术，热电转换效率可达 50%。超高温气冷堆具有较高的固有安全性，有利于靠近工业设施建设，可以提供包括 900～950℃ 的高温工艺热和 540℃ 以下各种参数的工艺蒸汽，在石油开采与炼制、煤的气化与液化、化工、冶金、制氢等领域都有可能得到应用。

4）开发小型化铅冷快堆技术。该技术具有用途灵活的特点，可以作为核能利用的有力补充。

此外，超临界水堆、熔盐堆、气冷快堆等技术国际经验尚不足，我国研究基础也比较薄弱，如有发展要求，建议首先加强基础研究再考虑应用研究。

1.5.4　受控核聚变科学技术路线图及备选技术

1. 路线图

（1）磁约束聚变

我国未来磁约束聚变发展应瞄准国际前沿，以现有的 J-TEXT、HL-2M、EAST 等托卡马克装置为依托，开展国际核聚变前沿课题研究，建成知名的磁约束聚变等离子体实验基地，探索未来稳态、高效、安全、实用的聚变工程堆物理和工程技术基础问题。具体的技术目标如下。

近期目标（2020 年前后）：建立近堆芯级稳态等离子体实验平台，吸收消化、发展与储备聚变工程试验堆关键技术，设计、预研聚变工程试验堆关键部件等。

中期目标（2030 年前后）：建设、运行聚变工程试验堆，开展稳态、高效、安全聚变堆科学和工程技术研究。

远期目标（2050 年前后）：发展聚变电站，探索聚变商用电站的工程、安全、经济性相关技术。

为实现上述目标，我国制定如图 1-8 所示磁约束聚变（MCF）发展路线示意图。

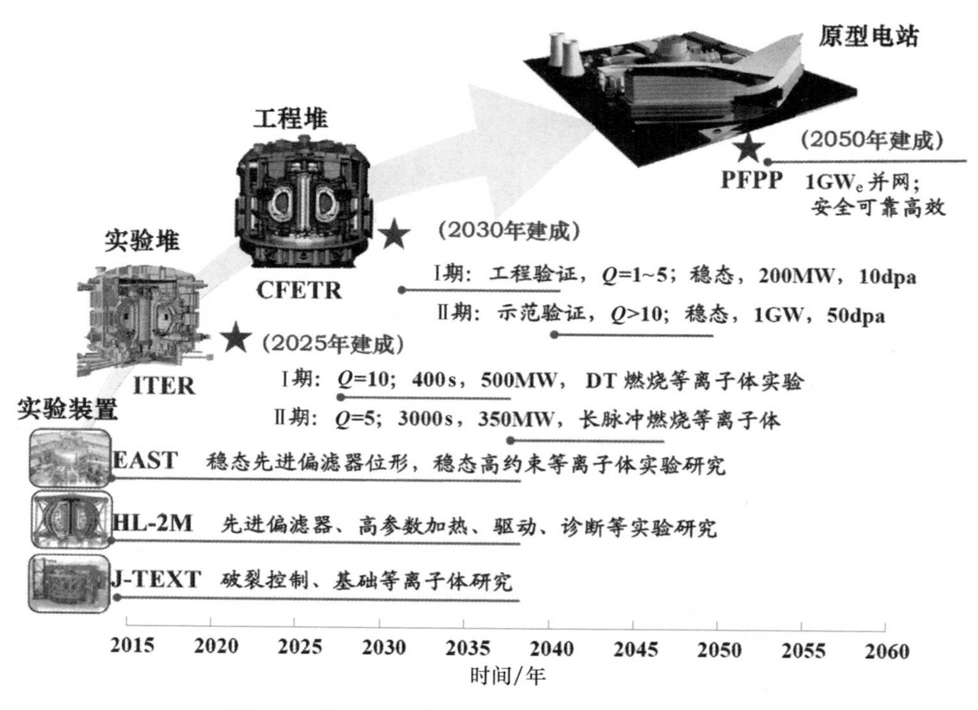

图 1-8 我国磁约束聚变（MCF）发展路线示意图

（2）惯性约束聚变

2020—2030 年建设峰值电流为 60~70 MA 的 Z 箍缩驱动器，实现聚变点火；2035 年正式建设 Z-FFR，适时开展工程演示。

2. 备选技术

（1）磁约束聚变

未来十年，重点在国内磁约束的两个主力装置 EAST、HL-2A 上开展高水平的实验研究。EAST 上可开展大量的针对未来 ITER 和下一代聚变工程堆稳态高性能等离子体研究，实现磁场稳定运行在 3.5 T，等离子体电流为 1.0 MA，获得 400 s 稳定、可重复的高参数近堆芯等离子体的科学目标，成为能为 ITER 提供重要数据库的国际大规模先进试验平台。结合全超导托卡马克新的特性，探索和实现两到三种适合于稳态条件的先进托卡马克运行模式，稳态等离子体性能处于国际领先水平。在此阶段，将重点发展专门的物理诊断系统，特别是对深入理解等离子体稳定性、输运、快粒子等密切相关的物理诊断。在深入理解物理机制的基础上，发展对等离子体剖面参数和不稳定性的实时控制理论和技术，探索稳态条件下的先进托卡马克运行模式和手段。实现高功率密度下的适合未来反应堆运行的等离子体放电，为实现近堆芯稳态等离子体放电奠定科学和工程技术基础。同时需对装置内部结构进行升级改造，以满足稳态高功率下高参数等离子体放电的要求。

在未来几年内，HL-2M 装置将完成升级，使其具有良好的灵活性和可近性的特点，进一步发展 20~25 MW 的总加热和电流驱动功率，着重发展高性能中性束注入 NBI 系统（8~10 MW）；增加电子回旋、低杂波的功率，新增 2 MW 电子回旋加热系统。利用独特的先进偏滤器位型，重点开展高功率条件下的边界等离子体物理，特别是探索未来示范堆高功率、高热负荷、强等离子体与材料相互作用条件下，粒子、热流、氦灰的有效排除方法和手段，与 EAST 形成互补。

近期，在全面消化、吸收 ITER 设计及工程建设技术的基础上，开展 CFETR 的详细工程设计及必要的关键部件预研，并结合以往的物理设计数据库，在我国"东方超环（EAST）""中国环流器 2 号改进型（HL-2M）"托卡马克装置上开展与 CFETR 物理相关的验证性实验，为 CFETR 的建设奠定坚实基础。在"十三五"后期，开始独立建设 20 万~100 万 kW 的聚变工程试验堆，预计在 2030 年前后建成 CFETR。CFETR 相较于目前在建的 ITER，在科学问题上主要解决未来商用聚变示范堆必需的稳态燃烧等离子体的控制、氚的循环与自持、聚变能输出等 ITER 未涵盖内容；在工程技术与工艺上，重点研究聚变堆材料、聚变堆包层及聚变能发电等 ITER 上不能开展的工作；掌握并完善建设商用聚变示范堆所需的工程技术。CFETR 的建设不但能为我国进一步独立自主地开发和利用聚变能奠定坚实的科学技术与工程基础，而且使得我国率先利用聚变能发电、实现能源的跨越式发展成为可能。

（2）惯性约束聚变

惯性约束聚变方面，鼓励 Z 箍缩聚变尽快实现点火，探索 Z 箍缩驱动的惯性约束聚变-裂变混合堆 Z-FFR。Z-FFR 由 Z 箍缩驱动器、能源靶及次临界能源包层构成。预计 1 GW_e 电站造价约 30 亿美元，不到纯聚变电站的 1/3。Z-FFR 安全性高，后处理简化，可满足人类上千年能源需求。Z 箍缩驱动器技术相对简单、能量转换效率高且提供能量充足。例如，电能转化为套筒动能的效率约为 10%，60 MA 电流驱动器一次脉冲可在套筒加载动能高于 10 MJ，足以使能源靶实现高增益聚变。综合而言，Z 箍缩在技术特点上更适合发展为聚变-裂变混合能源。

作为一种能源，Z-FFR 需要长期稳定运行，为此要重点发展驱动器和聚变靶相关技术。驱动器方面的难点主要有两个方面：一是长寿命、高可靠性，可连续重复运行的初级功率源；二是超高功率密度电脉冲的高效传输和汇聚技术，以及可更换传输线（RTL）技术。聚变靶相关技术包括高增益靶的设计、制造、换靶，余氚回收以及聚变靶室设计。靶室结构与材料、聚变氛围设计等是制约第一壁烧蚀量和聚变剩氚回收效率的关键因素，直接决定聚变堆芯寿命、氚自持等核心性能能否满足设定要求。

1.6 结论和建议

1. 主要结论

福岛事故后，美国、欧盟等对其境内的核电厂开展了压力测试，我国也开展了核电厂安全大检查，切实吸取事故经验反馈。世界核电增长的总趋势没有改变，核电仍然是理性、现实的选择。我国专家的分析表明，无论从堆型、自然灾害发生条件和安全保障方面来看，类似福岛的事故序列在我国发生的可能性不大，我国核电的安全性是有保障的。

核能是安全、清洁、低碳、稳定的战略能源。发展核能对于我国突破资源环境的瓶颈制约，保障能源安全，实现绿色低碳发展具有不可替代的作用。我国核电发电量占比只有 4.94%，远低于 10.4%的国际平均水平。核电必须安全、高效、规模化发展，才能成为解决我国能源问题的重要支柱之一。

按照《核电中长期发展规划（2011-2020 年）》，2020 年我国核电运行装机容量达到 5800 万 kW，在建容量达到 3000 万 kW（由于福岛事故后国家对核电项目的审批更加审慎，该规划落实有所滞后）。根据非化石能源占比逐渐增长的趋势，结合国内能源结构，核电设计、建造、装备供应能力，预计 2030 年核电运行装机容量约为 1.5 亿 kW，在建容量为 5000 万 kW，发电量占 10%~14%。2030—2050 年，预期将实现快堆和压水堆实现匹配发展，核电装机容量有望达到 3 亿~4 亿 kW。

我国核电发展具有后发优势，在运机组安全水平和运行业绩均居国际前列。以“华龙一号”和 CAP1400 为代表的自主先进第三代压水堆系列机型，可实现“从设计上实际消除大量放射性物质释放的可能性”，是未来核电规模化发展的主力机型。铀资源供应不会对我国核电发展形成根本制约。

核能发展仍面临可持续性（提高铀资源利用率，实现放射性废物最小化）、安全与可靠性、经济性、防扩散与实体保护等方面的挑战。国际上正在开发以快堆为代表的第四代核能系统，期望更好解决这些问题。快堆发展方向主要取决于对燃料增殖或者超铀元素嬗变紧迫性的认识，目前预测发展规模有较大不确定性。

聚变能源开发难度非常大，需要长期持续攻关，乐观预计在 2050 年前后可以建成示范堆，之后再发展商用堆。

2. 重点技术方向发展建议

以第三代自主压水堆为依托，安全、高效、规模化发展核能。优化华龙和 CAP 系列自主第三代核电技术，2020 年前后形成型谱化产品，开展批量建设，带动核电装备行业的技术提升和发展；通过开展核燃料产业园项目整合核燃料前端产能，海水提铀、深度开采等技术取得突破；突破关键技术，实现后处理厂示范工程及商业规模工程的建设，开展乏燃料中间贮存技术和容器研制，与后处理实现合理的衔接；全面实施中低放废物的处理，制定轻水堆的延寿和退役方案，积极推进核废物地质处置和嬗变技术，使核能利用的全生命周期能够保证公众和生态安全。2030 年前后，完成耐事故核燃料元件开发和严重事故机理及严重事故缓解措施研究，预期核安全技术取得突破，在运和新建的核电站全面应用，实现消除大量放射性物质的释放；海水提铀形成产业化规模，支持核能规模化发展；形成商业规模的后处理能力，闭合压水堆核燃料循环，建立地质处置库。

加快第四代核能系统研发，解决核燃料增殖与高放废物嬗变。建议我国现阶段以技术成熟度最高的钠冷快堆为主，尽快实现商业示范，不断提高经济性并产业化推广，同时发展以干法后处理为核心的燃料循环技术，争取在2050年实现快堆与压水堆匹配发展。适时开发用于嬗变的专用快堆或者ADS，紧密跟踪行波堆燃料研发情况。

适当发展小型模块化反应堆，开拓核能应用范围。小型模块化压水堆、高温气冷堆、铅冷快堆等堆型，固有安全性好，在热电联产、高温工艺供热、海水淡化、浮动核电站建设、开拓海洋资源等特殊场合有独特优势。

努力探索聚变能源。深入参加ITER计划，全面掌握聚变实验堆技术；积极推进CFETR主机关键部件研发，适时启动CFETR全面建设。鼓励Z箍缩聚变尽快实现点火，探索Z箍缩驱动惯性约束聚变-裂变混合堆。加强聚变新概念的跟踪。

3. 存在的问题和政策建议

核电产业链包括前端（含铀矿勘查、采冶、转化，铀浓缩，燃料元件生产）、中端（含反应堆建造和运营、核电设备制造）、后端（乏燃料贮存、运输、后处理，放射性废物处理和处置，核电站退役）等环节，核电站从建设到退役要历经百年时间，放射性废物处置则需要数万年以上时间。我国核电发展存在“重中间，轻两头”的情况，随着核电规模化发展，前端和后端能力不足的现象将更加严重。

核能领域有几项前沿或者颠覆性的技术，可能对未来能源结构产生深远影响，比如海水提铀、快堆、钍铀循环、聚变能源、聚变-裂变混合能源。这几项技术理论上都可以解决全人类千年以上的能源供应问题。每一项技术又存在不同的技术路线，造成国内研究力量分散，各自为战。

针对上述问题，建议国家进一步加强顶层设计和统筹协调；系统布局，建立和完善核能科技创新体系；加强基础研究，特别是核电装备材料、耐辐照核燃料和结构材料等共性问题的研究；加强包括前端和后端核电产业链的协调配套发展。建议依托我国现有的核相关领域有实力的科研机构和企业，整合国内资源，组建一个国家实验室，集中力量推进我国核能产业健康、快速发展，促进我国能源向绿色、低碳转型。

第2章　基于热中子堆的核电技术

2.1　核能应用技术概述

第一座商用核电站建于20世纪50年代，其在世界范围内大规模建设浪潮发生在20世纪70年代和80年代；但是由于1979年的三哩岛事故和1986年切尔诺贝利事故，并且1986年石油价格的暴跌，核电高速增长暂缓；进入21世纪后，世界经济增长引发了石油、天然气等能源价格上涨，加上温室气体排放和环保压力增大，核电发展开始复苏；2011年福岛核事故给全球核电行业发展带来了深远的影响，某些国家甚至因此改变了核电发展政策。然而，在保障能源需求、调整能源结构、应对气候变化和保护环境的现实需求和压力下，世界核电发展的总趋势没有根本变化，核电仍然是理性、现实的选择。

经过60多年的发展，核电及配套的核燃料技术成为日益成熟的产业，在世界上成为继火电及水电以外的第三大发电能源，其能够规模化提供能源并实现CO_2及污染物减排。截至2019年12月31日，全球共有443座在运核电反应堆，总装机容量为392GW_e；其中，443座机组中约67.7%是压水堆，14.7%是沸水堆，10.8%是重水堆，2.93%是轻水冷却石墨慢化堆，3.1%是气冷堆，还有3座液态金属冷却快堆；压水堆装机容量占比将近72.5%。

核电扩展以及近期和远期增长前景仍集中在亚洲。截至2019年年底，全世界共有55座反应堆在建，其中37座在亚洲。2005年以来并网的74座新反应堆中有61座也在亚洲。

根据IAEA 2018年的预测，在高增长假设方案下，预计至2030年全球核电容量将增加30%，达到511 GW_e，至2050年将达到748 GW_e，占全球发电容量的5.8%；在低增长假设方案下，预计至2030年核电净装机容量将从2017年年底的 392 GW_e 下降 10%以上，至 2050 年再反弹至 2030 年水平，核电在全球发电容量的份额将从 2017 年年底的 5.7%下降至 2.8%。低值和高值预测之间的很大差异归因于有关大量反应堆更换的不确定性，这些反应堆计划在 2030 年前后退役，这种现象特别是在北美和欧洲地区普遍存在。

政府间气候变化专门委员会（IPCC）在 2018 年“全球变暖 1.5℃”的特别报告中指出，为实现气候控制目标，必须大幅度增加核电容量，例如，在“决策者摘要”部分，报告推荐了 4 种典型的目标实现路径。结果显示，和 2010 年相比，核电容量在 2030 年须增加 44%~102%（四分位区间），到 2050 年须增加 91%~190%。印度和中国等发展中国家电力需求旺盛，同时面临温室气体排放压力，故而对核电寄予厚望。

2.1.1 核能发电安全事故分析

1. 核事件分级

核事件是一个敏感问题，需科学论证并制定出基本的分类标准，有利于统一认识，迅速及时地向公众通报对核事件或者事故的真实情况，以提高公众对核能的可接受性和对核事故处置方式的了解。为此，IAEA 和 OECD 的核能署（NEA）设计了国际核事件分级表（International Nuclear Event Scale，INES）。INES 是以核电站事故对安全的影响来分类，使传媒和公众更易了解。

INES 将核事件共分为 7 级。国际核事件分级及典型案例见表 2-1。表中所给出的判断仅仅是主要指标。其中较低级别的 1~3 级称为事件，较高级别的 4~7 级称为事故。核事故通常包括大型核设施（例如核燃料生产厂、核反应堆、核电厂、核动力舰船及后处理等）发生的意外事件，可能造成厂内人员受到放射损伤和放射性污染；严重时，放射性物质泄漏到厂外，污染周围环境，对公众健康造成危害。

表 2-1 国际核事件分级及典型事件

分级	影响	典型事件
7 级	特大或极严重事故	苏联切尔诺贝利核电站事故（1986 年 4 月 26 日） 日本福岛第一核电站事故（2011 年 3 月 11 日）
6 级	重大事故或严重事故	苏联基斯迪姆后处理厂核废料爆炸事故（1957 年 9 月 29 日）

（续）

分　级	影　　响	典 型 事 件
5 级	具有厂外风险的事故	英国温茨凯尔军用反应堆火灾事故（1957 年） 美国三哩岛核电站事故（1979 年 3 月 29 日） 巴西戈亚尼亚铯-137 放射源污染事故（1987 年）
4 级	没有明显厂外风险的事故	英国温茨凯尔后处理装置事故（1973 年） 法国圣洛朗核电厂事故（1980 年） 阿根廷布宜诺斯艾利斯临界装置事故（1983 年） 日本东海村 JCO 临界事故（1999 年 9 月 30 日）
3 级	重大事件	英国塞拉菲尔德核电站事件（1955—1979 年） 西班牙范德略斯核电厂事件（1989 年） 日本福岛第二核电站：第 1、2、4 号机组事件（2011 年 3 月 11 日）
2 级	事件	卡达哈希核电站事件
1 级	异常	法国葛雷夫兰核电站事件（2009 年） 中国大亚湾核电站事件（2010 年 10 月 23 日）
0 级	偏离或一般事件	斯洛文尼亚科斯克核电站事件（2008 年）

2. 典型核事故分析

核电历史上发生过三次重大核事故，真正造成严重后果的有两起，即切尔诺贝利和日本福岛核事故，三哩岛核事故没有造成可探测到的环境影响。

（1）三哩岛核事故

该核电站采用美国早期的压水堆机型，1979 年 3 月发生事故的起因是设备故障及操作员误判导致的误操作，直接原因是蒸汽发生器给水系统出现故障，由于人为的错误、设计上的缺陷和设备失效互相叠加，最终酿成一次失水事故，排热恶化导致堆芯熔化，但是压力容器和安全壳保持完好，有效包容了事故所产生的放射性物质，没有造成可探测到的环境影响。

三哩岛事故后，世界上对压水堆核电站在设备可靠性、操作员培训、人机界面等方面做出了重大改进。

（2）切尔诺贝利核事故

该核事故发生的根本原因是所采用的石墨慢化水冷堆，其设计上存在瞬发超临界的潜在风险，并且没有包容放射性物质的安全壳，因误操作导致反应堆引入事故，引发了蒸汽爆炸、堆芯熔化和石墨砌体燃烧，造成大量放射性外溢。这种堆型仅在苏联设计制造，从此不再建设。

切尔诺贝利核事故后，国际核能推动合作，各国持续开展严重事故研究，并在此基础上开发出先进的（第三代）核电技术。

（3）日本福岛核事故

福岛核电站为早期设计的沸水堆。核事故发生的根本原因是极端外部自然灾害，超强地震和随即引起的大海啸叠加造成的。该核电站的 1、2 和 3 号机组在事故发生之时正处于运行状态，在场外电源供应切断的情况下应急发电机组开始工作，使反应堆在地震发生后得以安全停堆。但是海啸袭击电站导致大部分应急发电机组失效，反应堆厂房底部被海水所淹没；因此，反应堆的余热导出功能失效，导致了更严重的事故发生，在反应堆厂房遭到部分损坏以后，堆芯熔毁，氢气产生（随之发生爆炸），放射性物质被释放到环境中。

该事故是自 1986 年切尔诺贝利事故以来最严重的核泄漏事故，在国际核事件等级表（INES）中被列为 7 级。与切尔诺贝利事故不同的是，在福岛核事故中，成千上万的群众在大部分放射性物质进入环境之前就已经从核电站的附近地区撤离，并得到了保护。IAEA 在 2015 年发布了福岛第一核电站事故的最终报告（GC(59)/14），报告指出此次事故所释放的放射性物质大致为切尔诺贝利事故的 10%~20%。虽然地震和海啸事故导致了一些伤亡情况，福岛第一核电站周边大范围地区受到放射性尘埃的污染，但是没有出现因过量辐射照射导致的死亡者。

福岛核事故后，IAEA 各国政府或核安全监管机构分别发布了关于福岛事故教训的专题报告，关注的重点包括外部事件防护、应急电源与最终热阱的可靠性、乏燃料水池的安全、多机组事故的应急响应以及应急设施的可居留性和可用性等。基于福岛事故的反馈，现有核电厂开展了安全检查或压力测试，实施了必要的改进。同时对新建核电厂的安全需求也在考虑和讨论之中，比如西欧核监管协会（WENRA）起草的《新建核电厂设计安全》、IAEA 起草的《核电厂安全：设计》（SSR-2/1，Rev. 1）、中国国家核安全局起草的《“十二五”期间新建核电厂安全要求》。上述文件提出的新建核电厂安全要求主要涉及以下领域：修改和强化纵深防御体系、包括多重失效的超设计基准事故（BDBA）的应对能力、实际消除大量放射性物质的释放以缓解场外应急、内外部灾害的防护。另外，剩余风险和电厂自治时间的概念也进入了国际核工业界的讨论之中。

3. 结论

从核电发展历史看，每一次核事故都是对核电安全性的再认识，通过采取稳妥有效的处理措施，会促使核电国家进一步完善核安全法规和监管体系，进一步提高核电设计标准和安全技术，促使核安全理念和核安全标准得到提升，核电技术水平也得到进一步提高。

福岛核事故后，各国组织了核电安全检查，IAEA 等国际组织推出了福岛核事故后的行动计划，我国国家核安全局发布了《福岛核事故后核电厂改进行动通用技术要求》《核安全与放射性污染防治“十二五”规划及 2020 年远景目标》，要求“‘十三五’期间新建核电站要从设计上实际消除大量放射性物质释放的可能性”，以确保环境和公众的安全。

我国采用先进的压水堆堆型，从自然灾害发生条件和安全保障方面来看，类似福岛和切尔诺贝利的事故在我国发生的可能性不大。

2.1.2　核能应用技术重点方向分析

1. 大功率核能发电

在未来的几十年中，预计大部分核电装机容量的增长将来自第三代“大型”反应堆（单机容量在 1000~1700 MW 之间，可参见表 2-2）的部署，包括压水堆（PWR）或沸水堆（BWR），也许还会有一些增长来自于小型模块化反应堆、重水反应堆（PHWR）或第四代反应堆。相较于第二代反应堆而言，第三代反应堆的安全性能更好、效率更高，并且燃料的经济性也更好。

表 2-2　国际主要第三代反应堆机型

型号名称	开发单位	容量/MW	类　型	数　量	潜 在 市 场
AP1000	美国西屋公司/东芝	1200	PWR	在建 8 台	中国、美国
EPR	法国阿海珐集团	1600	PWR	在建 4 台	英国、美国
AES91/92 或 AES2006	俄罗斯国家原子能公司	1000~1200	PWR	运行 3 台，在建 9 台	印度、孟加拉国、乌克兰、俄罗斯、土耳其、越南、芬兰、约旦
APR1400	韩国电力公司	1400	PWR	在建 6 台	
APWR	日本三菱重工-美国西屋电气	1700	PWR		日本、美国
ABWR ESBWR	东芝、通用、日立	1400~1700 1600	BWR	运行 4 台，在建 4 台	

（续）

型号名称	开发单位	容量/MW	类　型	数　量	潜在市场
Atmea-1	法国阿海珐-日本三菱重工	1100	PWR		土耳其
EC6	加拿大 CANDU 能源公司	700	PHWR		
华龙一号	中核集团、中国广核集团有限公司	1150	PWR	在建 4 台	中国及其他国家
CAP1400	国家电力投资集团有限公司	1400	PWR	拟建	中国

降低第三代反应堆的成本是所有承建商和运营商的共同目标。这一目标可以通过一系列措施得以实现。这些措施包括简化设计、标准化、改善可建设性、模块化和优化供应链，以及充分利用首堆建设项目的经验教训。

在运营方面，基荷发电是运营核电站最经济的方式。如果可再生能源发电量份额较大，应该考虑到各项发电技术的特性，从电力系统和市场的角度来更好地整合核能、火电和可再生能源，避免发电量的损失，提升成本效益。在激烈的市场竞争中，供电总成本对运营商来说是一个非常重要的参数。

2. 小型模块化反应堆应用前景

一体化模块式小型反应堆作为安全、高效、稳定的分布式清洁能源，能很好地满足中小型电网的供电、城市区域供热、工业工艺供热和海水淡化等多个领域应用的需求，可以进入互补性市场（比如适用于电网较小和/或地域受限的孤立电网，诸如海岛、海洋作业平台、边远地区等，或应用于热电联产），并且与其他适用于这些市场的发电形式相比更具竞争力。

IAEA 预测，在未来的 20 年，占能源消耗总量 50%的供热领域——城市区域供热、工业工艺供热、海水淡化等对清洁能源的需求会快速增加，仅全球城市区域供热一项的采暖能耗约占能源消耗总量的 16%。供热市场规模是电力市场的约 1.7 倍。

小型模块化反应堆类型多样，具体机型可参见表 2-3。目前在建的有阿根廷（CAREM）、中国（HTR-PM）和俄罗斯（KLT-40S），其他在近期有部署可能的类型如 mPower、NuScale 电力公司和西屋公司的小型模块化反应堆，在美国设计的 Holtec 小型模块化反应堆和韩国的 SMART；其他一些具有远期部署前景的类型（液态金属冷却反应堆技术）包括专用焚烧炉概念设计，该设计适用于需要处置钚库存的国家。在罗蒙诺索夫号（Lomonosov）驳船上安装了 KLT-40S 型小型模块化反应堆（可用于发电、热处理以及可能的海水淡化），该反应堆适用于孤立的沿海区域或岛屿。

表 2-3　国际主要小型模块化反应堆机型

开发单位	型　号	类　型	容量/MW	建设运营
美国巴威公司（B&W）	mPower	PWR	180	0
阿根廷原子能委员会	CAREM-25	PWR	25	1
中国核工业建设集团有限公司	HTR-PM	HTR	210	两台机组
中核集团	ACP 100	PWR	100	0
韩国原子能研究所	SMART	PWR	110	0
美国 NuScale 电力公司	NuScale SMR	PWR	45	0
俄罗斯下新城机械试验制造局（OKBM）	KLT-40S	浮动式压水堆	2x35	两台机组（一艘驳船）

3. 核能非电力应用——热电联产

核能的热电联产，特别是但不仅限于高温反应堆的热电联产，蕴藏巨大的潜力，并且核能可以针对电力生产以外的其他市场，提供低碳的热源，用以替代化石燃料的热生产。这将带来许多好处，比如可以减少工业热应用的温室气体排放，提高那些为此应用进口化石燃料的国家的能源供应安全。虽然核能热电联产的发展没有普及，尚未形成一个成熟的概念，但事实上，一些国家在核能集中供暖方面已经有了很多行业经验，比如俄罗斯和瑞士。

根据整个市场的电价波动（比如大量风电流入电网时），核电站的热电联产还能在保持核电站基荷负载运行情况下，将核电站所发电力转换为热或用于制造氢气，提供“储能”服务，或者用于海水淡化、消耗峰谷差带来的多余电能。被制造出的氢气可以通过使用燃料电池将其再次转化为电力，或者注入天然气管道，这些做法可以给核电站运营商带来额外的收入。以上描述只是所谓的“核能混合系统”概念的一部分，在未来低碳能源系统中核能和可再生能源技术可以得到更充分地利用。

工艺热应用，尤其是以生产氢气（用于交通运输或石油化学行业或用于液化煤炭）为目的的工艺热应用是核能非电力应用的主要应用之一，而高温反应堆的理念非常适合应用于此。

水淡化同样有潜力成为核能应用的一个新市场。在非高峰时段生产淡水可以让核电站在基本负载水平基础上提高运营的经济效益。全世界近半的海水淡化能力（使用天然气和石油发电处理）集中在中东地区，如果能与海水淡化相结合，那么该地区的核能发电可能出现巨大的增长。

表 2-4 给出了国际核能技术多用途利用的几个案例。

表 2-4 国际核能技术多用途利用案例

用　　途	开 发 单 位	项目或者方案	潜 在 市 场
核能集中供热	瑞士 Beznau 核电站、俄罗斯	142 GW 供热给 2500 个客户	减少 42000 t CO_2的排放
核能制氢	—	氢储能制造燃料电池	与各种能源耦合发展
工艺热	高温气冷堆	深化煤液化方案	交通运输、石油化工及煤液化
海水淡化	ACP100 等	非高峰时段生产淡水	中东或者三沙市海水淡化
破冰船和商船	俄罗斯	LC-110 110MW	开发北冰洋
浮动核电站	俄罗斯	计划建造 7~8 台，分布在 5 个区域	多用途
炼铝	俄罗斯	$4\times1000MW_e$	

2.2 核能技术演进路线

2.2.1 核能应用技术发展历史

1. 世界核电发展历程

1942 年，以费米为首的科学家们在美国建立了世界第一座“人工核反应堆”，实现了可控、自持的铀核裂变链式反应；1954 年，苏联建成了世界第一座试验核电站。经过 70 多年的发展历史，核能技术大致可分为 4 个阶段：实验示范、高速发展、减缓发展和复苏阶段。对应于不同阶段核电技术发展特点，也逐步形成了核电的代际概念。

（1）实验示范阶段

20 世纪 50 年代中期至 60 年代中期，核能利用从军用走向民用，以开发早期的试验堆和原型堆为主，其中包括 1954 年投运的苏联第一核电站、1956 年投运的英国卡德霍尔石墨气冷堆和美国希平港压水堆核电站，也就是“第一代”核电站。全世界共有 38 个机组投入运行，通过众多堆型的广泛试验和探索，解决了建造核电站的工程技术问题，验证了核电站能安全、经济、稳定地运行。

（2）高速发展阶段

20 世纪 60 年代中期至 80 年代初，前后共形成两次核电站建设高潮：一次是在美国轻水堆核电站的经济性得到验证之后；另一次是在 1973 年世界能源危机之后，核电被很多国家作为保证能源安全和能源独立的有效方案。这段时间全球共 242 台核电机组投入运行，总的运行业绩达到上万堆年，此阶段建造的商用核电站被称为“第二代”核电站。

（3）减缓发展阶段

减缓发展阶段即 20 世纪 80 年代初至 21 世纪初。1979 年的美国三哩岛核电厂事故以及 1986 年的苏联切尔诺贝利核电厂事故导致全球核电发展降温，同时，各国在这一时期开展了庞大的核电安全研究和评价计划，在持续完善、建设第二代改进型核电厂基础上，通过改进和研发形成了多种第三代堆型，比如美国 AP1000 技术、法国 EPR 技术、俄罗斯 AES91 技术等。这些先进核电站具备完善的严重事故预防和缓解手段，在提高核电站的经济性方面也采取了一系列措施，包括优化设计、提高单堆容量、提高可利用率、延长设计寿命等，并陆续开展首堆建设。

（4）复苏阶段

进入 21 世纪后，世界经济增长使石油、天然气等一次能源供应日趋紧张，加上温室气体排放和环保压力增大，很多国家制订了积极的核电发展规划，其中，有大量新增能源需求的中国、韩国、印度、俄罗斯等新兴国家成为核能复兴的主要驱动力，同时面临电源更新换代和电力结构优化需要的发达国家如美国、英国、日本等也在酝酿新一轮的核能发展计划。在第二代改进型核电厂继续建设的同时，第三代核电厂在复苏的核电市场中预期会获得较大的发展空间。

福岛事故发生后，人们重新审视评估核电的安全性。为确保核电站的安全，世界各国加强了安全措施，制定了更严格的审批制度。除德国、瑞典等少数国家以外，包括中国、美国、法国、俄罗斯、英国、保加利亚等多数国家均表示本国发展核电的决心没有动摇，并进一步致力于推动核电技术向前发展。日本内阁在2015年确定科技创新全面战略，再次确认核能作为国家战略；日本能源和自然资源咨询委员会于2015年6月批准经济产业省《至2030年日本能源结构转型展望》报告，预计2030年核电在电力能源结构中所占份额将为20%~22%。目前2台机组已经重启，43台具备重启条件，24台正在进行重启核准。

（5）结论

核电建设的起伏缘于三次重大核事故，和其他能源价格的竞争力和经济发展是核电发展变化的另一个原因。

安全性和经济性是核能发展的决定因素。

第一座商用压水堆核电站建于20世纪50年代，在世界范围内大规模建设浪潮发生在20世纪70年代和80年代；但是1979年的三哩岛事故和1986年切尔诺贝利事故，并且1986年石油价格的暴跌，使得核电高速增长暂缓；进入21世纪后，世界经济增长使石油、天然气等能源价格上涨，加上温室气体排放和环保压力增大，核电发展开始复苏。

福岛核事故导致公众对核电支持度下降；同时，由于经济危机导致能源需求下降，财政危机导致资本集中型的核电项目建设开工和联网机组数量下降，据IAEA、IEA&NEA（国际能源署&核电能源机构）等预测，世界核电发展的总趋势没有发生根本变化，核电仍然是理性、现实的选择。

2. 我国核电发展历程

我国核工业从1955年创建以来，取得了“两弹一艇”辉煌成就，我国核电产业已经初具规模，已成为世界上少数几个拥有完整核工业体系的国家，核电建设与运行管理达到国际先进水平。截至2018年12月31日，我国大陆在运核电机组44台，总装机容量为4464.5万kW，约占全国电力总装机容量的2.4%；2018年核电发电量约为2865.11亿kW·h，约占全国总发电量的4.22%，远低于10.5%的世界平均水平。

（1）核电起步阶段

1991年12月，我国自行设计建造的秦山30万kW核电站并网成功，核电实现零的突破，1994 年引进国外技术建成的中国第二座核电站——大亚湾核电站成功发电。

（2）小批量建设阶段

“九五”“十五”规划期间，核电政策为适度发展，此期间内 8 个机组成功建成，实现核电小批量建设。浙江秦山二期核电站：1996 年 6 月开工，2002 年 4 月首堆商运；广东岭澳核电站：1997 年 5 月开工，2002 年 5 月首堆商运；浙江秦山三期核电站：1998 年 6 月开工，2002 年 12 月首堆商运；江苏田湾核电站：1999 年 10 月开工，2007 年 5 月首堆商运。

（3）规模化发展阶段

2006 年 3 月 22 日，国务院通过了《核电中长期发展规划（2005—2020 年)》，核电由适度发展调整为积极发展，核电新项目开始批量化建设。这是我国核电从起步、小批量建设进入规模发展阶段，经过近多年来的自主创新、探索实践、持续改进和安全发展，已成功实现了第二代核电技术从原型堆到商业堆、从 30 万 kW 到 100 万 kW、向第三代技术过渡、从国内走向国际的重大跨越。

2015 年，我国自主研发设计的“华龙一号”示范工程开工建设，福清 5、6 号，防城港 3、4 号，连同出口的巴基斯坦卡拉奇 2、3 号机组，形成小批量化建设。同时，引进美国 AP1000 先进核电技术在三门、海阳开工建造了四台核电机组，在台山建造了两台引进法国先进核电技术 EPR 的核电机组，在田湾扩建两台俄罗斯 VVER 核电机组，我国已经引领国际第三代核电建设。高温气冷堆示范工程已开工建设，在自主研发基础上与俄罗斯合作的中国实验快堆已建成发电；我国已经进入世界核电发展第一阵营。

（4）核电出口

我国已成功向巴基斯坦出口了 6 台核电机组。其中恰希玛 1~4 号机组成功运行，卡拉奇 2、3 号机组成功实现第三代核电技术，“华龙一号”开工建设。

2.2.2　核能应用发展趋势

1. 世界核电发展趋势

（1）当前反应堆技术开发集中于轻水堆

根据目前在建的 55 座反应堆的技术类型分析，48 座为轻水堆（其中压水堆

44 座，沸水堆 4 座)；4 座为重水堆；2 座快中子增殖反应堆（1 座在中国，另外 1 座在印度)；还有 1 座高温气冷反应堆（中国)。

从这些趋势中可以看到，反应堆技术开发主要集中于轻水堆。目前绝大多数在建的反应堆为轻水堆，相对于第二代反应堆而言，其安全性能比较高（比如配备有缓解严重事故风险的各种系统)、效率更高，燃料的经济性也相对较好。重水堆通过压水堆堆后铀（RU）的利用和 MOX 先进核燃料循环的开发，可提高核燃料的利用率，同时正在考虑使用重水堆来实现钍燃料循环。

(2) 第三代“大型”反应堆实现规模化部署

在未来的几十年中，预计大部分核电装机容量的增长将来自于第三代“大型”反应堆（单机容量在 1000~1700 MW 之间）的部署，包括压水堆或沸水堆，也许还会有一些增长来自小型模块化反应堆、重水反应堆或第四代反应堆。

在 2050 年之前，第三代反应堆或许只会有渐进式的改变和革新，这些改变和革新主要反映在设计的简化和反应堆的标准化方面。这将有助于提高第三代反应堆的可建造性和模块化特性，从而降低成本并缩短建设周期。

福岛第一核电站事故发生之后，针对导致该事故发生的事件类型，监管机构对现存反应堆的安全性开展了评估活动，同时对其他超设计基准事故的发生条件及提升核电站紧急事故应对能力的安全升级措施也进行了评估。对于第三代反应堆的设计而言，只需做少许变更，因为第三代核电站在设计之初就已经考虑到了严重事故发生的情况。监管机构更加关注严重事故缓解系统的功能，并且在严重事故管理方面，尤其对余热导出功能、堆芯熔毁机制和氢气风险管理方面做了更多的研究。

虽然小型模块化反应堆预计在 2030 年之前不会有大范围的部署，但是这种反应堆同样会得到开发，尤其是那些依赖于轻水堆技术的小型模块化反应堆。到那时，随着所有年久的气冷反应堆（英国境内）和石墨慢化轻水冷却反应堆（俄罗斯境内）退役，在反应堆技术方面全世界的核电机组将显得更加一致。

(3) 将对未来核电机组发展产生重大影响的技术趋势

将对未来核电机组发展产生重大影响的技术趋势包括以下几点。

1）通过管理现有核电机组以实现安全经济地长期运营。

2）持续发展第三代水冷技术，重点放在简化、标准化和降低成本上。

3）加大在小型模块化反应堆、第四代核反应堆以及核能非电力应用等反应堆技术方面的创新力度，以解决在低碳经济方面的各种需求。

4）第二代核电延寿和退役技术更新和改进，以提高核能发电的总体效益，将具有相当大的现实需求。

2. 我国核电发展趋势

苏联切尔诺贝利核电厂事故后，20世纪80年代末和90年代初开始，各核电大国积极着手制定以更安全、更经济为目标的核电设计标准规范，美国率先制定了先进轻水堆㊀“电力公司要求文件”（URD），西欧国家相继制定了“欧洲电力公司要求”（EUR），在此基础上有关国家相继开发设计了各种型号的先进轻水堆核电厂，在我国称为第三代轻水堆核电厂。

先进轻水堆最显著的技术特征是设置了完备的严重事故预防和缓解设施；将概率安全目标提高一个量级，要求堆芯损坏概率（CDF）小于十万分之一，大量放射性物质释放概率（LRF）小于百万分之一。

在压水堆领域，美国西屋公司开发设计了采用非能动安全系统的AP1000先进压水堆核电厂，首批四台机组在中国浙江三门和山东海阳建设，其主要特点有：①紧凑布置的反应堆冷却剂系统，采用两环路，各由一台蒸汽发生器和两台直接安装在蒸汽发生器下封头出口端的屏蔽式电动泵组成；②采用非能动安全系统，诸如非能动应急堆芯冷却系统、非能动安全壳冷却系统等；③设置严重事故缓解设施，包括增设卸压排放系统、自动氢气复合装置，以及堆腔淹没系统，以导出余热，保持堆芯熔融物滞留在压力容器内；④设计基准地面水平加速度为0.3g，以适应更多的厂址条件；⑤模块化设计和施工，缩短工期；⑥全数字化仪控系统。

与此同时，法国法马通公司和德国西门子公司联合开发设计了通过加大安全系统冗余度、增大单机容量的EPR先进压水堆核电厂，首台机组在芬兰建设，第二台在法国建设，第三、第四台在中国广东台山建设，其主要特点有：①四环

㊀ 先进轻水堆指以轻水为冷却剂的核反应堆，包括压水堆和沸水堆两类。

路的反应堆冷却剂系统，堆芯由241个燃料组件组成，可使用50%MOX燃料；②采用双层安全壳，具有抗击大型商用飞机撞击的能力；③增加安全系统的冗余度，安全系统从二通道增加到四通道；④设置严重事故缓解设施，包括增设稳压器卸压排放系统、氢气复合以及堆芯熔融物收集装置等；⑤全数字化仪控系统。

我国自主开发的先进压水堆核电厂有“华龙一号”和CAP1400。“华龙一号”在我国具有成熟技术和规模化核电建设及运行的基础上，通过优化和改进，使其满足先进压水堆核电厂的标准规范，该机组已在福建福清和巴基斯坦卡拉奇开工建设，其主要特点有：①采用标准三环路设计，堆芯由177个燃料组件组成，可降低堆芯比功率，满足热工安全余量大于15%的要求；②采用能动加非能动的安全系统，能动系统能快速消除事故，非能动系统能在能动系统失效或全厂失去电源时确保核电厂的安全；③采用双层安全壳，具有抗击大型商用飞机撞击的能力；④设置严重事故缓解设施，包括增设稳压器卸压排放系统、非能动氢气复合装置，以及堆腔淹没系统，以导出余热，保持堆芯熔融物滞留在压力容器内；⑤设计基准地面水平加速度为0.3g，以适应更多的厂址条件；⑥全数字化仪控系统。

CAP1400是在引进消化吸收的基础上，通过自主开发设计的，其主要特点有：①加大反应堆堆芯燃料组件装载的容量，以满足热工安全余量大于15%的要求，提高核电厂出力达1400MW_e；②加大钢安全壳的尺寸及容积，使外层屏蔽壳具有抗击大型商用飞机撞击的能力；③主循环泵采用50周波电源供电，与我国电力标准相符，可提高主泵供电的可靠性；④采用非能动安全系统，诸如非能动应急堆芯冷却系统、非能动安全壳冷却系统等；⑤设置严重事故缓解设施，包括增设卸压排放系统、自动氢气复合装置，以及堆腔淹没系统，以导出余热，保持堆芯熔融物滞留在压力容器内；⑥模块化设计和施工，缩短工期；⑦全数字化仪控系统；⑧设计基准地面水平加速度为0.3g，以适应更多的厂址条件。

福岛核电事故以后，根据事故经验反馈，我国核电的设计将考虑应对极端自然灾害的措施，并从设计上实际消除大量放射性物质的释放。

2.3　世界核能发展趋势及各国政策分析

2.3.1　核能应用政策比较分析

1. 有核国家的核能发展政策比较

核能政策反映了一个国家对核能产业链各环节的发展态度。核能产业链包括铀资源采冶、纯化转化、燃料生产、核能发电、乏燃料的后处理和废物处置等。不同国家的核电发展面临不同的发展机遇和挑战，这些依赖于背后的很多因素，包括：国家的能源及环境政策、电力需求的前景、能源资源的可获得性以及监管环境和电力市场。对拥有成熟核电运营技术的国家而言，挑战主要集中在核电站的现代化升级改造和长期运营方面；对于新兴核电国家来说，面临的挑战主要是建设必要的核电基础设施和监管框架、获得公众的认可、培养熟练的工作人员；而对于其他某些特定国家来说，其主要问题是替换即将退役的核电站，以及提高扩大核能发展的可能性。

表 2-5 是各国核能发展政策比较情况。

2. 福岛核事故后，各国/地区核能发展政策变化

（1）欧洲

对于 OECD 欧洲的许多成员国而言，其核能发展的重点在于老旧核电机组的长期运营和最终的更新换代。截至 2019 年年底，OECD 欧洲成员国内共有 165 台核电机组，占全球核电机组总数约 37%。但在当下全球在建的 55 台核电机组中，仅有 11 台在这些成员国中建设。目前在 OECD 欧洲成员国中在运核电机组的平均运营年限已超过 30 年，预计 2024 年将有 22 台机组退役。在许多核电公司正计划对核电站的长期运营和升级进行进一步投资的同时，监管机构也在逐一评估这些核电站能否再运行 10 年或更长时间。在今后的几十年里，很多反应堆将停堆退役，这个速度可能比新建项目的速度更快，因此核电占总发电量的份额也将下降。这部分基荷容量将部分被可再生能源、日益增长的天然气以及煤炭的发电量所弥补，后两者会导致电力行业的 CO_2 排放量上升。

表 2-5 各国核能发展政策比较

比 较 项	比利时	巴西	加拿大	中国	法国	德国	印度	日本	韩国	俄罗斯	西班牙	南非	瑞典	乌克兰	英国	美国	芬兰	阿联酋
核电																		
安装容量>5GW$_e$	√		√	√	√	√		√	√	√	√		√	√	√	√		
核电份额>20%	√				√	√		√	√		√		√	√	√	√		
政府推动核能		√	√	√	√		√	√	√	√		√		√	√	√		
2020 年容量>5GW$_e$		√	√	√	√		√	√	√	√	√	√	√	√	√	√		
2020 年核电份额>20%	√				√			√	√	√				√				
核工业能力																		
商业浓缩				√	√	√		√		√					√	√		
燃料加工	√	√	√	√	√	√	√	√	√	√	√		√		√	√		
商用后处理				√	√		√	√		√					√			
地质处置计划			√	√	√	√		√		√			√		√	√		
第三代核电建造				√	√			√	√	√							√	√

虽然在一些OECD的欧洲国家，核能的公众接受度比较低，但是在像英国这样的国家里，核电被视为保障能源和电力安全的重要选择，并且对电力行业的脱碳做出了重要的贡献。欧洲的核工业成熟，有完善且强有力的监管制度，强大的研发能力和经验丰富、技术熟练的专业技术人员，这些优势使得该地区非常关注核能的发展。英国已经制订了一个重大的新建项目规划，用于取代即将退役的核电站；波兰和土耳其等新兴核电国家的第一座核反应堆预计于21世纪20年代早期投入运行；法国现有发电量的75%来自核电，但是计划在保持现有核电装机容量水平的情况下于2025年将核电份额降低到50%；立陶宛计划于21世纪20年代早期建一座新的核电站；而芬兰、匈牙利和捷克共和国则计划提高其核电装机容量。

德国、比利时和瑞士正逐步停止使用核能，面临着能源替代和退役的挑战。瑞典从20世纪50年代开始，就开始核能和平利用的研究，其第一座商用反应堆于1972年投入使用。瑞典曾有12座商用反应堆，其中9座为沸水堆，都是自己设计和建造的，还出口到芬兰。受反核势力和美国三哩岛事故的影响，经过全民公决，1980年瑞典国会宣布将于2010年全部关停核电站。随后，分别于1999年和2005年关闭了在Barseback核电站的两座沸水堆，目前只剩10座反应堆在运行，总容量约为1000万kW。2006年，由于没有找到替代能源，政府认为关停核电站是不现实的，国会于2010年决定保留现有的反应堆规模（10座），而且在它们退役后可以在原有的厂址新建反应堆。瑞典现任政府对核能持反对态度，特别是日本福岛事故后，公开不支持建新核电站的想法，所以目前瑞典的核能基本为维持状态，但强化了对核电安全的研究和监管。

（2）美国

美国是世界上核电机组数量最多的国家。位于沃格特勒（Vogtle）和萨默尔（VC Summer）的两个项目（每个项目都拥有两台第三代AP1000机组）是美国30多年来的首批新建项目，原计划首台机组在2017年年底投入运行，目前均遭遇严重困难。VC Summer业主申请破产，申请NRC（美国核管理委员会）撤销许可证，工程厂址已拍卖。Vogtle也遭遇严重超支和延期，最终在政府的支持下，决定继续建设。美国所有的新建项目都在监管框架下的电力市场中进行，这种市场更有利于为诸如核电站这样的资本密集型项目提供长期稳定的政策框架，同时它允许公共事业单位通过电价的调整将建设成本转嫁给消费者，但由于美国长期未在本土建设核电站，成本控制面临非常大的挑战。

美国暂停核电建设30多年来的首批新建目，但通过一系列提升功率的举措将核电装机容量提高了6GW以上。然而，这种在原有基础上的电力升级潜力十分有限，要发展新一代的核电技术归根结底还是需要依靠新建核电站。页岩气的开发致使能源价格走低，同时也给核电的发展带来了新的挑战，因为廉价的天然气使得天然气联合循环电站的数量迅速增加。2013年有4个核反应堆被关闭，它们分别是水晶河（CrystalRiver）、基瓦尼（Kewaunee）和圣奥诺弗雷（San Onofre）的2号、3号机组。基瓦尼反应堆是因为经济原因，水晶河反应堆是由于安全壳的维修成本过高，而圣奥诺弗雷的2号和3号机组则是因为更换机组蒸汽发生器时遇到了一系列监管不确定性问题。

美国非常关注其核工业的重新发展问题，近年来美国能源部特别重视小型模块化反应堆（SMR）的发展。针对空气污染问题，美国环境保护署新颁布了更加严格的监管条例，这将进一步促使燃煤发电厂的关停，因此SMR拥有替代燃煤发电厂的潜力。但是，由于近期美国没有对SMR做出发展规划，一些在该领域拥有领先技术的设计企业调整了SMR的发展计划，减少了在这方面的投入。

（3）俄罗斯

由于日本的核电机组闲置，俄罗斯目前成为继美国和法国之后，世界第三大核电生产国。其在役的核反应堆有33座，总装机容量达到了25 GW。俄罗斯国家原子能公司（Rosatom）是一家拥有全球领先核能技术的供应商，具有丰富的行业经验。该公司帮助大多数俄罗斯的核反应堆延长使用年限，迄今为止共有18座总装机容量为10GW的核反应堆获得了15~20年的延寿。俄罗斯的反应堆中有一半是压水堆（VVER），这些反应堆或许也可以通过升级增加7%~10%的装机容量。最早期的VVER核反应堆以及所有处于运营状态的石墨慢化沸水堆（RBMK）预计到2030年退役。

俄罗斯未来核能发展的主要驱动因素包括更换老化的、待退役的核反应堆，增加新反应堆装机能力，到2030年实现将核电的份额从2018年的17.9%提高到25%~30%。

增加核能发电将有助于节省本国的天然气以用于出口。俄罗斯目前在建的核反应堆有 10 座，总装机容量为 9.2GW（其中的 Rostov 3 号机组已经于 2014 年 12 月 29 日并网）。计划到 2030 年还要再建 24 座（大约为 29 GW），其中包括先进的第三代 VVER 型反应堆、钠冷快中子增殖反应堆以及 1 座于 2014 年 6 月到达临界点的 BN-800 型反应堆。俄罗斯在核能技术方面的研发投入巨大，拥有先进的快中子增殖反应堆以及小型浮动式反应堆技术，小型浮动式反应堆可以为偏远地区提供核电。目前，俄罗斯的“罗蒙诺索夫（Lomonosov）号”浮动式核电站正在建设中，它由两个 KLT-40S 反应堆组成。

（4）日本和韩国

在建设核电站方面，美国和欧洲通常都在努力赶工期和控制预算，而日本和韩国凭借过去数十年持续的施工计划、先进的模块化设计以及管理良好的供应链，以令人惊叹的速度成功地完成了多个新核电站项目的建设。这与美国和欧洲的情况形成了鲜明的对比，美国和欧洲完成的最近的核电站建设项目分别启动于 1977 年和 1991 年。

截至 2011 年 3 月 11 日，日本共有 54 座核电站，核电已经占全国发电量的 30%。福岛核事故后，日本核电受到重创，截至 2018 年年底，有 9 座核电站通过新安全标准而获得重启，另外有 19 座宣布退役。为了实现发展目标，日本将继续在安全第一的前提下，持续推进核电站的重启工作以及核能领域的技术创新。

韩国 2018 年的核电装机容量为 24 GW，占其当年发电量的 23.7%。为了降低对进口化石燃料的依赖，并提升能源供应的安全性，该国制订了一个长期战略目标，以提升核电的份额。然而，在福岛第一核电站事故发生以后，一个更加温和的政策出台，即到 2035 年将核电装机容量提升到总发电量的 29%，而非之前 41% 的目标。韩国的年平均设备利用率为 96.5%，拥有丰富的运营经验和强大的运营能力。2009 年，韩国从阿联酋获得了首个出口合同，并希望将出口扩大到其他中东国家和非洲。

根据韩国与美国合作协议（123 协议）中的条款，韩国目前被禁止从事铀浓缩和后处理活动，该协议限制了其发展完整的核燃料循环。如果韩美之间达成协议，韩国在拥有核废物后处理方面的能力之后，将可以让其进口的铀材料所开发出来的能量提高30%，并减少高强度放射性废物的量。

（5）印度

印度自20世纪50年代开始发展核技术，该国首座核电站于1969年开始投入运行。由于印度没有签署核武器不扩散条约（NPT），印度的核工业基本上是由本国自行发展的，其远期目标为开发能够使用钍增殖循环的核电反应堆，这是因为该国有丰富的钍资源储量，但天然铀的储量非常少。印度很早就进行了核能的研究和开发，2004年开始建设一座钠冷原型快堆，希望利用该堆进行钍增殖研究。由于技术原因，项目建设进展缓慢，预期将于2021年年底投入运行。印度政府曾期望在2020年使其核电装机容量达到20 GW，同样该计划进展滞后。截至2020年11月仅建成6.2 GW，还有5.3 GW正在建设。尽管如此，印度还是对未来几十年内大幅度提升核电份额寄予厚望。据估计，印度可能会在2040年成为世界第三大核能国家。

快速增长的经济和人口，不断推进的城市化进程，印度将会出现强劲的电力需求。以极具竞争力的成本获得可靠的基荷电力供应成为印度核能发展的主要驱动因素。其他驱动因素还包括提升能源安全、关注当地污染。进行融资和提升公众接受度是印度扩大核能供电份额需要解决的难题，而向国外投资商和技术供应商开放印度的核电市场是其面临的另一个挑战。虽然印度根据政府间合作协议框架在库丹库拉姆（Kudankulam）建立了两座第三代俄罗斯VVER型反应堆，但目前还没有其他的承建商能够进入该市场。印度已经签署了很多合作协议，还有许多工程公司和供应链公司建立了合资企业，这为未来核电项目的高度国产化奠定了基础。印度核电的发展还面临着一些其他的困难，包括在2010年通过的《印度核责任法》（具体来说就是印度是否符合国际公认的核责任原则），以及引进国外核能技术的成本较高。

（6）中东地区

伊朗布什尔（Bushehr）核电站于2013年9月正式投入商业运营，这是在中东地区第一座投入运营的核电站。阿联酋是目前该地区核电发展较为迅速的新兴国家，如今巴拉卡（Barakah）地区在建的四台核电机组中，有三台为韩国设计的APR1400型机组（第三台机组于2014年开始建设），总装机容量达到5.6 GW。第一台机组原计划在2017年开始投产发电，由于工程延期，目前正在进行运行前测试。

2020 年，阿联酋的电力需求量估计超过 40 GW，接近 2010 年电力需求量的两倍。阿联酋已经将核能确定为未来电力供应的重要来源。尽管阿联酋目前的电力需求仅靠天然气就可以满足，但事实证明，核能具有成本上的竞争力，并且是一种低碳能源，核电将成为阿联酋地区重要的基荷电力。

在未来的几十年，随着电力需求的快速增长，该地区的一些国家正考虑采用核能来提升能源安全，通过能源的多元化来减少国内石油和天然气的消耗，以节省更多的资源用于出口。除了上升的电力需求以外，该地区日益增加的淡水需求使得用核能淡化海水从中长期来看具有很大的吸引力。沙特阿拉伯宣布到 2032 年要建造 16 座总装机容量为 17 GW 的核反应堆，并期望第一座核反应堆能在 2022 年投入运营。约旦也计划最多建造两座核反应堆，并于 2013 年 10 月与俄罗斯签订了合同。

中东地区发展核能所面临的主要问题是建设核电基础设施、人员培训以及培育高水平核电技术人才。为修建必要的基础设施，该地区正与 IAEA 紧密合作。双方合作进展顺利，为其他国家树立了榜样。由于该地区拥有丰富的石油和天然气，这些重要的能源将会吸引外国专家来帮助他们解决上述问题。这些专家通过培训和提出建议将专业知识传授给当地的员工，以提高他们的专业水平和能力。但是如果该地区内的核能发展规划项目不断密集，具有丰富经验的高水平核能专家的数量能否满足需求会成为令人担忧的问题。

（7）亚洲其他发展中国家

在亚洲其他发展中国家里，越南在核能发展规划方面较先进。该国制订了坚定的核能发展规划，目前正在制定其法律和监管基础，计划到 21 世纪 20 年代末实现核电装机容量至少达到 8 GW，同时首座核电机组能在 2023 年投入运营。孟加拉国原计划在 2015 年开始建设首座核反应堆，现已推迟建设。泰国和印度尼西亚制订了详细的计划，但是都尚未得到验证。马来西亚目前正在研究建设核电站的可行性。菲律宾在 20 世纪 70 年代后期就已经开始建设核电站（一直没完成建设），目前正面临电力短缺和电力成本过高的困境，因此依然将核能视作未来可用能源的选项。新加坡目前正密切关注核能开发的进展情况，以确保其未来可以在能源使用方面多一个选择。在这些国家中，小型模块化反应堆可以用来代替容量较大的第三代机组，因为小型模块化反应堆更容易被整合进小型电网。

强劲的电力需求增长预期及稳定的电力生产价格是该地区发展核能的主要驱动因素。对于越南、泰国和菲律宾这些大量进口能源的国家而言，核能或许能够帮助它们提升能源安全状况，并减少对化石燃料进口的依赖。对这些新兴核电国家来说，制定必要的核监管框架、培养训练有素的核能专业技术队伍、进行融资和提升公众接受度是它们在核能开发中要面临的主要难题。这些国家需要开展国际合作来支持监管基础框架的制定，并通过培训和开展能力建设来培养当地的专业技术人员。

2.3.2 世界核能发电领域科技发展趋势

1. 在役反应堆的安全升级和长期运营

全世界的核反应堆运营商目前都面临两大挑战，其中一个挑战是反应堆的安全升级。这些升级措施是在后福岛时代安全评估中被确定并推荐执行的（目前大部分运营商已经开始执行这项工作）。虽然通过检查得出的结论是这些反应堆依然安全并可以继续运行，但运营商们仍被建议采取一些措施并开展一些升级活动，以提升核电站应对重大地震灾害、洪涝灾害、多重外部事故对多机组厂址的影响，以及紧急应对严重事故的能力。同时，在核监管机构的监督下快速开展这些升级活动，并且宣传一些核电站安全性方面的正面信息，以减少公众对核能的担心。

另一个挑战是如何保证安全、经济、可靠地运营这些核反应堆，特别是要考虑到核电机组平均使用寿命。这意味着运营商必须解决核反应堆长期运营方面的问题。在满足了所有安全要求的条件下，核电站需要通过长期运营来维持低碳发电容量，只有长期运营才能将生产低碳电力的成本降到最低。要达到这一目标，就必须加大核电站的老化管理，提升安全、可靠性，开展风险引导的维修策略研究，提高核电站的可利用率；并且开展对核电站进行更新和延寿的研究。长期的运营维护和安全升级可以使核电站的升级在性价比方面变得更加经济和划算。

2. 新型反应堆技术的开发

在未来的几十年中，预计大部分核电装机容量的增长将来自于第三代“大型”反应堆（单机容量在 1000～1700 MW 之间）的部署，包括压水堆或沸水堆，部分可能来自于小型模块化反应堆、重水反应堆或第四代反应堆。

燃料的改进，包括提高燃耗、MOX 燃料的应用，将有利于提高核燃料的利用率。耐事故燃料元件的研发，将很大程度上提高核电站的安全性。

为了缩短工期，模块化设计和建造，以及先进施工技术的开发，将有力地降低核电站的建造周期和发电成本。

福岛第一核电站事故发生之后，严重事故缓解系统的功能更加被关注，在严重事故预防管理，以及安全壳可靠性、极端自然灾害的预防管理方面，制订了相关的管理导则，尤其对余热导出功能、堆芯熔毁机制、氢气风险管理方面开展了大量的研究，争取最大限度地减缓或缩小场外应急。

3. 小型模块化反应堆（SMR）

小型模块化反应堆非常适合于电网过小不足以支撑大型核电站的地区或国家，或者诸如集中供暖或海水淡化等非电力应用。但目前的经济性还有待考证。人们对小堆产生兴趣，主要是由于降低资金成本的需求及为小型或离网系统提供电力和热源的需求。一些小型模块化反应堆中设计使用了非能动安全系统，可以在发生事故时无需操作员干预，非能动导出余热。要建立一个小堆的市场，首要条件是实现国际原子能机构提出的“从设计上实际消除大量放射性物质释放的可能性”，成功建造示范工程，然后才能推广该技术。

4. 核能非电力应用

核能的热电联产，特别是但不仅限于高温反应堆的热电联产，蕴藏巨大的潜力，并且核能可以针对电力生产以外的其他市场，提供低碳的热源，用以替代化石燃料的热生产。这将带来许多好处，比如可以减少工业热应用的温室气体排放，提高那些为此应用进口化石燃料的国家的能源供应安全。事实上，一些国家在核能集中供暖方面已经有了很多行业经验，比如俄罗斯联邦和瑞士。瑞士的 Beznau 核电站（2×365 MW）已经为该国提供集中供暖服务超过 25 年。每年，大约有 142 GW・h 的热量被卖给约2500 名客户，从而大约减少了 42000 t CO_2的排放。在芬兰或波兰的一些新建项目都会考虑到核能集中供暖这个问题。

核电站的热电联产还能在保持核电站基荷负载运行情况下，通过汽轮机抽气向热力负荷供热，并可提高核电站的利用效率。利用高温制造氢气，提供“储能”服务。被制造出的氢气可以通过使用燃料电池将其再次转化为电力，或者注入天然气管道，在未来低碳能源系统中核能和可再生能源技术可以得到更充分的利用。

工艺热应用，尤其是以生产氢气（用于交通运输或石油化学行业或用于液化煤炭）为目的的工艺热应用是核能非电力应用的主要应用之一，而高温反应堆，特别是第四代超高温反应堆的理念非常适合应用于此。韩国目前正在推进一个高温气冷堆制氢项目，计划与钢铁冶金工艺耦合，该国一家重要钢铁制造商对此非常感兴趣。其他方面，欧洲、日本和美国都在积极吸引工业界对核能热电联产的支持。目前这一应用面临的主要问题是缺乏具备工业热应用的高温反应堆原型示范项目。高温气冷堆工艺热应用涉及多个行业的交叉融合，政府和企业合作可能是启动该类项目的有效方式。

海水淡化同样有潜力成为核能应用的一个新市场。在非高峰时段生产淡水可以让核电站在基本负载水平基础上提高运营的经济效益。全世界近半的海水淡化能力（使用天然气和石油发电处理）集中在中东地区，如果能与海水淡化相结合，那么该地区的核能发电可能出现巨大的增长。许多小型模块化反应堆，例如韩国的 SMART、中国的 ACP100 或俄罗斯的 KLT-40S 等，都是针对海水淡化市场设计的。

5. 核燃料循环

全世界的反应堆每年大约会产生含 11000 t 重金属（tHM）的乏燃料。由于反应堆数量的增加，每年乏燃料卸载数量还将不断增加。铀燃料当前的供应量完全能够满足到 2035 年及以后的需求。但是，由于矿业项目的周期都较长，因此建议对这种项目进行持续地投资并推广最佳实践范例以推动环境安全的矿业开采工作。

当前世界核燃料服务市场（天然铀供应、转换、浓缩服务、燃料制备）具有很高的安全可靠性，这为核能的进一步发展方面起到了重要的支撑作用。通过政府间或国际协议处理核燃料租赁和贮存问题，同样也可以提高核燃料的供应安全性。供应商将核燃料送至客户的过程中，保证最高水平的核安全是至关重要的。

激光浓缩技术在降低铀浓缩成本方面颇具潜力，有待大规模运用的验证。自福岛第一核电站事故发生以来，业界对能抵御事故的核燃料的开发重新产生了兴趣，使用这种燃料可以在出现严重的冷却剂丧失事故时给运营商提供额外的应对时间。

6. 延寿和退役

在未来的几十年中，核电站的延寿和退役将成为核电行业活动中越来越重要的一部分，因为在这段时间内将有数十座反应堆达到设计寿命。核电站的运行许可证延伸的论证和评估十分重要，其技术性很强。要对设备和材料延伸运行的适应性、可能的期限和裕量做出技术评估，就需要开发一系列的新技术、新监测设备；部分设备需要维修更换，则需要新的工具和手段，这是一个经济效益十分显著的领域。

核工业界必须提供更多证据，表明其可以安全地以低成本拆除这些核电站；进一步发展相关技术（例如机器人技术）以及制定相关的监管条件，例如，核电站的非放射性物质清理等；配备足够的资金支持退役活动非常重要，政府有责任确保这方面的财务安全。

一旦核设施被永久关闭，无论是由于技术、经济或者政治原因，必须确保该设施和场地不会对公众、工作人员和环境造成伤害。要做的工作包括移除所有的放射性物质、清污和拆卸设备，并最终彻底拆除以及清理工地。这个过程称为核电站退役，它包含数个阶段，可能需要很多年的时间来完成。

由于未来数十年内有大量的核电机组退役，核设施的退役将成为一个巨大的挑战。然而，这种挑战同样也是一个全新的商业机会，并能推动许多技术的发展。因为证明停堆的核电站可以被安全经济地拆除，是顺利推进新建项目的关键因素。

如今，在核燃料循环中，核电站退役活动受到了良好的监管，有具体的安全指导和标准，例如IAEA、WENRA。截至2014年12月，已有150座反应堆被永久停堆，并处于退役的不同阶段。

2.4 近期、中期、远期核能发电技术分析

2.4.1 我国核能发电领域重大科技需求分析

1. 核电定位

核电是通过可控方式核裂变将核能转变为电能，实现核能和平利用，使人类从利用化学分子能跨越到利用物理原子能的新天地。核电是清洁、低碳、稳定、高能量密度的能源，发展核电将对我国突破资源环境的瓶颈制约，保障能源安全，减缓 CO_2 及污染物排放，实现绿色低碳发展具有不可替代的作用。

2. 国家能源与资源安全需求

核能在保障能源安全中具有特殊的战略优势。核燃料资源能量密度高、体积小、燃料费用所占发电成本比重低。核电以同样的贸易额，提供了较石油50倍的能量，体积不及石油的万分之一，保障能源持续供应的时间也远大于石油。

未来30年能源需求将必然是一个长期增长的趋势，但是我国能源供应形势严峻，化石能源供应增加能力有限。非化石能源中，核电是增加能源供给的重要支柱之一。核电作为重要的基荷支撑电源，可发挥重要作用；此外核燃料不需要大规模运输，可以显著减少我国长期形成的“北煤南运”运输压力，核电可以成为破解我国能源供需逆向分布矛盾的战略选择。

3. 国家能源与环境容量需求

发展核电有利于减排改善环境，实现绿色低碳发展：当前我国生态环境污染形势已极其严峻，治理雾霾和污染物减排已成为我国能源结构调整刻不容缓的战略任务，以传统化石能源为主的结构需要转型，以实现绿色低碳发展。与燃煤发电相比，核电是清洁低碳能源，除不排放温室气体、有害气体、微尘外，对放射性流出物也进行了严格的处理和监控。规模化发展核电能够治理雾霾，显著改善我国的大气质量。例如，2015年核能发电相当于减少燃烧标准煤5374万t，减少排放 CO_2 14080万t，减少排放 SO_2 45.7万t，减少排放 NO_x 39.77万t。同时，未来核能作为优质的一次能源，不仅可以用于大规模发

电，还可以用来制氢、海水淡化、供热制冷，对于满足城镇化的能源需求，乃至开发燃料电池汽车都具有重要战略意义。

4. 科技创新型社会发展需求

核能产业技术密集、知识密集，世界核强国都十分重视核技术的研发和应用，力争占领核科技领域的制高点。开发更加先进的核能技术是确保核电安全发展的保障，按照国际最高安全标准加快具有自主知识产权的新一代核电技术开发和工程建设，完善先进的核燃料循环体系，是核工业落实创新驱动发展的重要体现。

核电的规模化发展不仅将促进能源发展，而且将拉动装备业、建筑业、仪表控制行业、钢铁等材料工业的发展，促进高科技及高端产业的发展，有利于经济转型。核级设备要求高、难度大，发展核电对提高材料、冶金、化工、机械、电子、仪器制造等几十个行业的工艺、材料和加工水平具有重要的拉动作用，有助于推动我国产业结构从劳动密集型产业向技术密集型产业转型。

5. 资源节约型社会需求

小型模块化核电能够促进海洋资源开发。

为开拓更广阔的资源，需要建设核燃料的闭式循环，乏燃料后处理和快中子增殖堆技术的开发，不仅实现资源循环型经济，而且将^{238}U转化为人工可裂变材料，扩大了核资源的供应，同时为核废物的最终安全处置创造了有利条件。

6. 能源与资源经济竞争力需求

核电走出去已成为国家战略，核电已成为国家新名片，这对带动装备制造业走向高端，打造我国经济“升级版”意义重大。以出口我国自主知识产权第三代核电技术“华龙一号”为例，设备设计、制造、建安施工、技术支持均由国内提供，单台机组需要 8 万余台套设备，国内可有 200 余家企业参与制造和建设，可创造约 15 万个就业机会。出口价格约 300 亿人民币，相当于 30 万辆小汽车出口价值。如果再加上数十年的核燃料供应、相关后续服务，单台机组全寿期可以创造约 1000 亿人民币产值，核电出口对拉动我国经济增长和结构调整的作用十分明显、潜力非常巨大。

7. “十三五”及以后新建核电机组力争实现从设计上实际消除大量放射性物质释放的可能性

“十三五”核安全目标要求中提出“从设计上实际消除大量放射性物质释放”的目标，安全壳的可靠性及完整性对放射性物质的有效包容具有重要意义，若实现上述目标，则将高于欧盟的要求。

2.4.2 我国2020—2050年核能发电领域发展的重点分析

1. 世界及我国的核能发展愿景

根据IEA和NEA预测、《2015能源技术展望》（ETP 2015）2D的核能发展愿景，以及核能对能源体系脱碳的贡献，全球核电总装机容量达到930GW才能支持能源体系的转型过渡。欧盟国家的核电装机容量将从2040年开始下降，而俄罗斯和韩国将出现最大的核电装机容量增长，到2050年增长将超过一倍；中国和印度成为增速最快市场，其他市场包括中东、南非和东盟国家。

图2-1是我国核电机组及装机容量预测。

2020年，按照《核电中长期发展规划（2011—2020年）》，核电运行装机容量达到5800万kW，在建容量达到3000万kW。

2030年，结合国内能源结构，预计核电运行装机容量约为1.5亿kW，在建容量为5000万kW。届时国内总电量需求为8.4万亿kW·h，核电发电量约占10%~14%，达到规模化发展。

2030—2050年，热堆和快堆闭式循环协调发展。

预计到2030年，稳定每年开工6~8台机组，实现批量建设，保持核电安全、高效、稳定、持续、规模化发展。

2. 2030年以后热堆发展面临的制约

限于目前的铀资源，发展到2亿kW是目标的上限，需要统筹海外和国内资源开发；要重视非常规铀资源的开发，争取技术上早日取得突破。

根据快堆和后处理、MOX燃料技术和工程进展，构成热堆-快堆的闭式循环，实现三步走的第二步。

持续提高压水堆的安全性和效率，实现在安全性、经济性上具备竞争优势；

开拓核能多用途利用，在热电联供、海水淡化等领域得到应用。

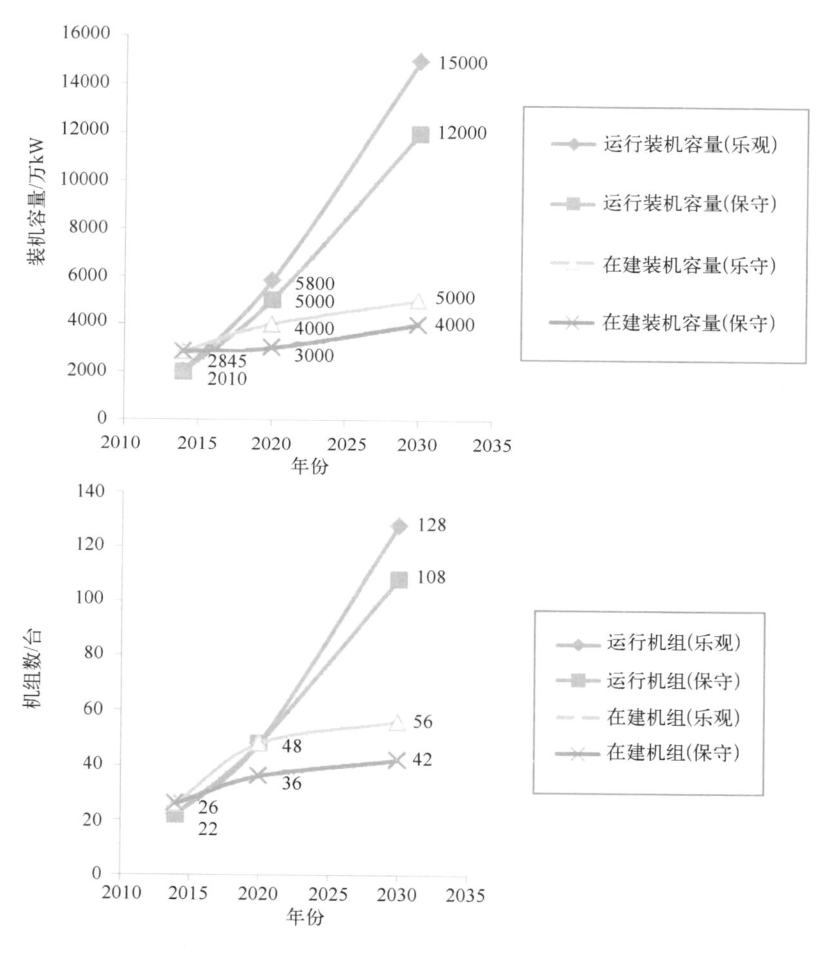

图 2-1　我国核电机组及装机容量预测

2.4.3　2030 年我国电源结构分析

1. 远景电源发展典型情景拟定

在部分内陆核电、藏区大型外送水电开发等存在较大不确定性的情况下，为确保 20%的非化石能源消费目标，需要由风电、太阳能发电等进行补充，按此拟定了以下三个发展情景，总规模达到9.9 亿~13.6 亿 kW，详见表2-6。

表 2-6 2030 年非化石能源发电装机情景表

序 号	项 目	2030 年		
		情景一	情景二	情景三
一	发电装机容量/万 kW	99000	123000	136000
1	常规水电/万 kW	45000	45000	43000
2	核电/万 kW	22000	16000	13000
3	太阳能发电/万 kW	10000	31000	40000
4	风电/万 kW	22000	31000	40000
二	发电量/亿 kW · h	38310	38250	38200
1	常规水电/亿 kW · h	16650	16650	15910
2	核电/亿 kW · h	16060	11680	9490
3	太阳能发电/亿 kW · h	1200	3720	4800
4	风电/亿 kW · h	4400	6200	8000
三	发电量/t 标准煤	107268	107100	106960
四	其他非化石/t 标准煤	13000	13000	13000
五	非化石占比（%）	20.0	20.0	20.0

1）情景一：西藏水电开发规模达到 2000 万 kW，其他水电 4.3 亿 kW，内陆核电开发规模达到 7000 万 kW，沿海核电 1.5 亿 kW，其余非化石能源缺口由风电、太阳能发电补充。

2）情景二：西藏水电开发规模达到 2000 万 kW，内陆核电开发规模达到 3000 万 kW，沿海核电 1.3 亿 kW，其余非化石能源缺口由风电、太阳能发电补充。

3）情景三：暂不考虑开发西藏水电和内陆核电，其他水电 4.3 亿 kW，沿海核电 1.3 亿 kW，其余非化石能源缺口由风电、太阳能发电补充。

2. 新能源消纳分析

随着风电、太阳能发电装机规模越大，系统调峰能力需求越大。为控制弃风率保持在合理范围内，需要相应地增加抽蓄、气电等调峰电源规模，见表 2-7。

表 2-7　2030 年调峰电源发电装机情景表

序　号	项　　目	2030 年		
		情景一	情景二	情景三
一	发电装机容量/万 kW	24101	30065	31548
1	抽蓄/万 kW	8228	9478	10941
2	气电/万 kW	15873	20587	20607
二	弃风率（%）	<10	<10	<10

1）情景一：抽蓄、气电装机容量分别达到约 8200 万 kW、16000 万 kW。

2）情景二：抽蓄、气电装机容量分别达到约 9500 万 kW、21000 万 kW。

3）情景三：抽蓄、气电装机容量分别达到约 11000 万 kW、21000 万 kW。

3. 电力平衡计算分析

优先考虑非化石能源装机发展，并考虑上述需要配套的调峰电源后，进行分地区电力平衡计算测算，部分地区存在电力缺口的，需要规划新增煤电机组，预计 2030 年煤电机组需要达到 14 亿 kW 以上，见表 2-8。

表 2-8　2030 年煤电装机情景表　（单位：万 kW）

项　　目	2030 年		
	情景一	情景二	情景三
煤电装机容量	142634	143132	143684

4. 技术经济分析

分析表明，风光装机容量最小的情景一总投资和年费用最低，情景二次之，情景三最高，见表 2-9。主要原因如下：一是单位非化石能源发电量的风光装机投资高于水电及核电；二是风光装机容量大，系统需要的调峰能力较大，需要建设的调峰电源容量较大；三是相同非化石能源发电量下，若风光装机容量大，则水核装机容量就小，由于风光可靠容量比例较低，为满足电力平衡，需要补充的煤电机组就较多。

表 2-9　2030 年各情景下的年费用比较表　（单位：亿元）

序　号	项　　目	2030 年		
		情景一	情景二	情景三
一	总投资	31670	55427	64649

（续）

序号	项目	2030年		
		情景一	情景二	情景三
二	年费用	5383	9710	11114
1	投资折现	2688	5191	6224
2	运维费	1108	1940	2263
3	燃料费	1587	1782	2627

综合上述技术经济比较，从新能源消纳能力及国民经济分析结果可以看出，情景一的综合指标最优，情景二次之，情景三最差。可见，由于核电的发电成本明显低于风电和太阳能发电，且对调峰电源的需求相对较小，增加核电发展规模可明显降低全社会用电成本，具有较好的经济性。

但是，考虑到情景一提出的核电建设规模较大，达到2.2亿kW，超过了我国沿海核电厂址资源量。目前已经勘察充分的沿海核电厂址资源应尽最大可能优先开发利用，同时考虑发展内陆核电。

2.4.4 我国2020—2050年核燃料配套发展的重点分析

国内天然铀生产增长速度明显落后于国内核电的发展速度，2010年前可基本保证满足核电发展需求，随后逐年降低，至2015年约满足60%需求，2020年约满足50%需求。1亿kW的核电就需要100万t天然铀。我国必须加强天然铀探测、开采及冶炼能力。

核电站卸出的乏燃料一般经5~8年堆址贮存后，需运往离堆贮存设施或者后处理设施。据测算，截至2020年我国核电站累积产生乏燃料约7000t，堆址贮存的压力很大。

闭式循环的优势不言而喻，既可以实现铀资源的充分利用，还可以减少高放废物体积和毒性。但相较于核电的稳步快速发展，我国闭式循环的关键环节——乏燃料后处理能力则相对滞后。随着乏燃料产生量和累积量的不断增加，乏燃料离堆贮存能力短缺，后处理产业发展滞后，乏燃料运输能力不足，乏燃料后处理及核废物最终处置必须尽早开展科研，突破关键技术，以免制约我国核燃料循环后段发展。

此外，我国核能发展实行热堆—快堆—聚变堆的“三步走”战略，而乏燃料后处理是我国核能发展向第二步迈进的关键环节，相较于快堆的战略规划进程，后处理发展的时间和任务也变得格外紧迫。

2.5　核能关键技术发展方向

2.5.1　我国核能领域科技发展路线图

基于我国核能发展三步走战略，核能领域科技和发展的短期目标是优化自主第三代核电技术，实现核电规模化发展；中期目标是建成基于热堆和快堆的闭式燃料循环；长期目标是发展核聚变技术。

研发领域主要分为两方面，一方面是基于核电站生命周期的研发领域，另一方面则是基于核燃料循环的研发领域。核电站生命周期领域的研发主要涉及设计和施工、装配和建设、运行、发电和产热、维护和资源扩展、退役等方面；核燃料循环领域的研发主要涉及铀矿开采、铀转化、铀浓缩、核燃料制造和再加工、乏燃料的回收和处置、放射性废物处置等方面。

为此，需要开展核能方面的研发与示范工作。核能研发与示范的目标包括以下几点。

1）经济性：确保核能具有竞争性的成本。

2）安全与安保：提高安全裕度，降低对能动系统的依赖。

3）环保：改善资源与废物的管理，降低环境影响。

另一方面，核能的研发与示范还需要根据确定的进度，完成对应的任务目标。

1）2020 年前后：形成自主第三代核电技术的型谱化开发，开展批量化建设；制定轻水堆的延寿和退役方案，并完成乏燃料的贮存；通过开展核燃料产业园项目整合核燃料前端产能；关键技术取得突破，商业规模的后处理厂开工建设。

2）2030 年前后：完成耐事故核燃料元件开发和严重事故机理研究，改进和增强严重事故预防和缓解措施，进一步完善“实际消除大量放射性物质释放”

的应对措施；形成商业规模的后处理能力，与快堆形成闭式核燃料循环。

3）2040 年前后：部署先进反应堆，采用混合核能系统，实施可持续的燃料循环，建立地质处置库。

据此主要开展的研发项目具有以下 5 个方向。

1）完善反应堆的安全性、可靠性和性能，通过开发先进的技术方案保障提升安全性，并延长现有反应堆的寿命。

2）通过技术开发提升经济竞争力，为先进反应堆的部署提供支持，从而实现国家能源安全和气候变化目标。

3）通过开发可持续的燃料循环方案，优化能源生产、废物产生、安全和不扩散之间的关系。

4）建立并维护一套完善的国家研发与示范框架，保障未来核能的应用。

5）通过合作，促进民用核能的出口，实现核能出口目标。

2.5.2 我国核能领域前端发展技术方向

1. 铀资源勘查技术

（1）研究现状

国内基本形成了适合我国地质特点的花岗岩型、火山岩型、砂岩型、碳硅泥岩型“四大类型”铀矿地质理论体系，特别是最近十多年创新发展了陆相沉积盆地砂岩型铀矿叠合复成因氧化还原成矿理论，并指导北方沉积盆地找矿取得了重大突破，新发现和探明了一批万吨至数万吨规模的大型、特大型砂岩型铀矿床，使我国铀资源开发由原来以南方为主，转变为南北方并举的新格局。完成了新一轮全国铀成矿区带划分和资源潜力预测评价，初步实现 1000 m 深度之内的定位、定深、定量、定型的“四定”预测。基本形成了以地质、遥感、航空物探、地面井中物化探、钻探、分析测试、信息等“天空地深”为一体的铀矿勘查技术体系。

（2）2020—2050 年的发展目标和重点任务

重点发展深层铀资源和复杂地质条件下空白区铀资源勘查技术。通过创新深部铀成矿理论体系和发展深部铀资源勘查开发技术，开辟深部第二（500～1500 m 深度）、第三（1500～3000 m 深度）找铀空间，解决技术、设备、材料等制约深地铀矿勘查的技术难题；通过拓展复杂地质条件下空白区的找矿，推进新类型铀矿的发现。发展大数据、智能化找矿技术，提供更多铀资源战略接替的后备基地。

（3）关键技术与发展路径

1）深部铀成矿理论创新与资源突破重大基础地质研究。包括：华南典型花岗岩型、火山岩型铀矿深部成矿共性机理研究，热液型铀多金属成矿带成矿体系和找矿模式研究，砂岩型铀矿超常富集机理及多能源矿产相互作用关系研究，热液型铀矿田科学钻探深部成矿环境研究，富铀与贫铀火成岩副矿物特征对比研究，矿集区深部成矿条件与控矿要素综合研究，非常规铀资源富集模式与规律研究，纳米地学研究，铀成矿模拟试验研究，铀矿地质大数据规律及应用研究等。

2）“天空地深”一体化铀资源探测技术研发与装备研制。包括：航空高光谱找矿新技术，无人机航空物探测量技术，大探深、高精度地面及井中地球物理勘查技术，深穿透地球化学组合技术，高效钻进技术，物质成分精细、准确、快速分析测试技术，纳米测试技术，基于互联网的综合分析评价技术，智能化预测技术，铀多金属勘查新型放射性仪器研制等。

2. 铀资源采冶技术

形成高效智能化新一代采铀技术和装备体系，实现深度 1500 m 以内的可地浸砂岩铀资源、2500 m 深度以内的硬岩铀资源的经济开发利用。实现黑色岩系型、磷块岩型低品位铀资源的规模化开发利用；建立吨级规模的盐湖、海水提铀试验基地。

关键技术与发展路径如下。

1）高效智能化新一代地浸采铀技术。通过研发新型成井工艺和高效复合浸出剂，创新地浸钻孔成井技术和深部地下浸出技术，解决深层铀资源地浸高效开采、复杂砂岩型铀矿体高效浸出及深井安全处置地浸废液等技术难题，充分提高砂岩型铀资源的利用率，大幅降低停采浸出液含铀浓度，实现地浸采铀数字化、自动化、智能化和绿色化。

2）深部铀资源常规开采技术。创新深部铀矿开发技术，解决设备、材料、安全环保等方面制约深地铀矿开发的技术难题，推进集约化、数字化铀矿山建设。

3）非常规铀资源开发利用技术。通过研发高性能提铀材料和开发新型铀资源选冶工艺，建立黑色岩系型、磷块岩型低品位铀资源开发利用技术体系；逐步提高盐湖、海水提铀的提取效率，推动盐湖、海水提铀技术实现工程化，最终实现非常规铀资源的经济开发利用。

3. 同位素分离浓缩技术

经过多年研制，我国核工业关键技术——离心铀浓缩技术完全实现自主化，解决了铀浓缩离心机大批量生产和可靠性的问题，并成功实现工业化应用，达到了国际先进水平。我国的铀浓缩能力完全能够满足核电发展的需要，为参与国际竞争奠定了技术基础。

4. 先进核燃料组件技术

（1）前景预测

在先进核燃料组件技术研发方面，根据目前核燃料技术的发展情况，各核电大国围绕新兴核电市场的占领、先进核能技术的研发等方面展开了激烈竞争，国际核电市场上，美、法、俄等少数核电强国仍处于优势地位。我国按照核电中长期发展战略规划，在未来一个时期内，核电进入一个快速发展时期，这必然对核燃料技术提出更高的要求。

在核燃料组件制造供应方面，根据世界核协会对2015—2025年核能发电功率的预测，2020年，世界核电净功率达到404 GW_e，至2035年，达到552 GW_e。在国内，根据“十三五”规划显示，2016年开始的第十三个五年计划中，每年要新建6~8座核电站。照此规划，到“十三五”末期，全国核电的总规模将达到在运与在建共88GW_e的规模（与2014年发布的《能源发展战略行动计划（2014—2020年）》相当，即建成5800万kW、在建3000万kW）；2030年，我国预计将有110座以上核电站投入运行。因为这期间我国核电站建设仍然以压水堆为主，仅考虑压水堆燃料的情况，按每个反应年换料需求60组燃料组件，即30 tU计算，我国目前的产能可以供应40个反应堆的换料。2020年，运行的反应堆约60个，总的燃料元件需求约1800 tU/年；2030年，运行的反应堆约110个，总的燃料元件需求约3300 tU/年。

（2）研究现状

反应堆技术主体上围绕着“安全性、可靠性、经济性”分阶段发展数十年来，堆型逐步进入了第三代反应堆技术工程实施应用、第四代反应堆综合选型及关键技术攻关的阶段。

压水堆自主先进核燃料组件：我国国产燃料自主研发早期受引进技术影响而未能在国家层面获得支持，主要实施法国 AFA 系列燃料技术的技术路线。近年来，通过引进技术消化吸收，中核集团陆续开展了 CF 系列燃料组件研发和 N 系列先进锆合金研发。其中 CF1 燃料组件已成功用于 30 万 kW 反应堆；CF2 燃料组件填补了国内无百万 kW 级核电站自主品牌燃料组件的空白，将用于出口“华龙一号” K2/K3 首炉；采用 N36 包壳、热工水力等综合性能优良的 CF3 燃料组件目标燃耗达到 52 GWd㊀/tU，满足 18 个月换料要求，完成了主要研制和堆外验证，并于 2014 年 7 月进入秦山二期辐照考验，将用于国内核电机组及 K2/K3 换料；计划启动设计研究的 CF4 燃料组件目标燃耗将达到 60 GWd/tU，将全面满足第三代核电厂的要求，更先进的 N45 合金也在研发中。

新型反应堆核燃料元件：在新型热中子反应堆燃料技术方面，主要针对超临界水堆、高温气冷堆，其正在开展相关研究工作；同时开展环形燃料元件的研究。

（3）研究展望

目前第二代/第二代加核电技术仍覆盖全球核电市场的绝对份额。今后以“华龙一号”、AP1000、VVER1000、EPR 等为代表的第三代压水堆的市场份额将逐渐增大。相对于这两代核电反应堆技术对应的总体需求，其核燃料技术仍将以 AFA 系列、AP1000 系列、VVER 系列、CF 系列等 UO2-锆合金燃料产品体系为主。这也是国内外数十年反应堆工业体系与核燃料体系最有效的融合和平衡的结果。主流商用核燃料的技术仍将以提升综合经济性为主要导向，围绕更高的燃料使用效率，满足更加灵活的电厂运行要求进行持续改进。

预期在未来 10~15 年内，现有 UO2-锆合金燃料产品体系仍然具有很高的技术成熟度和工业应用规模。国内外先进商用燃料技术的总体目标可满足组件卸

㊀ GWd 指 1 天的发电量；MWd 类同。

料燃耗超过 60000 MWd/tU、换料周期达到 18~24 个月、5%以内富集度燃料综合经济性最优，可在第三代核电反应堆技术中最大化适用。其技术发展方向预计为新一代锆合金工业化应用、UO2 芯块改进、先进设计技术及先进制造工业带来的部件结构优化等。

如同互联网+、工业 4.0 为代表的新一轮科技创新革命将对于未来全球发展主导权的重要影响一样，革新性的先进燃料技术创新趋势已经逐渐形成，并且势必成为决定后续核燃料产业主导权的重要方向。无论是第四代反应堆技术要求核燃料大幅度提升的物理、热工运行要求，还是福岛事故后核燃料作为严重事故的主要承载目标，都从核行业的角度提出了先进燃料革新性改变的要求。先进制造业的核心首先在于先进的材料技术发展，以及由此支撑的先进制造工艺技术的发展，包括超高温、超高强度和稳定性的金属材料/复合材料发展。复杂先进工艺相结合的燃料制备与机械加工技术发展将是实现核燃料革新性改变的核心因素。

从反应堆技术的发展来看，未来总体发展方向是围绕核能利用长期稳定及效能最大化（反应堆热效率为 40%~60%，核燃料燃耗及利用率大幅度提升）、核废物最小化及不扩散，以及福岛事故后核能应用安全提升（反应堆大规模裂变产物释放概率小于 10^{-7}）等开展改进研究的。以第四代反应堆技术为对象，在提升反应堆热效率方面，与之相关的热能专业技术及装备成熟度已基本满足；在核安全改进方面，以能动安全系统和非能动安全系统为主要方向的安全技术也较为成熟。相比较而言，下一代核反应堆技术在核燃料燃耗及利用率大幅度提升、核废物最小化及不扩散、显著提升核燃料安全功能（以此简化甚至取消外部安全系统）等方向的革新性改进都集中在核燃料技术革新性改进上，有关新燃料技术的成熟度也相对较低，需要开展超前和持续的大量研发工作。

（4）2020—2050 年的发展目标和重点任务

1）压水堆自主先进核燃料组件。遵循“核电走出去”的国家战略，以提升电厂的综合经济性、可靠性、安全性为目标，在满足现有第二代及华龙系列等第三代压水堆需求的基础上，以第三代压水堆技术为核能应用技术重点发展方向，持续研发我国系列化自主燃料组件并且实现大规模工程应用。

近期目标（2020 年前后）：完成具有自主知识产权的燃料组件主要研发及

堆内外考验，具备全堆工业化规模应用条件，实现自主核燃料组件在国内主要运行压水堆电厂的推广应用，满足华龙系列等第三代压水堆自主燃料工程出口应用需求。

2030年阶段目标：按照“应用一代、预研一代”的研发思路，开展具有更高经济性、可靠性和安全性的下一代自主核燃料组件关键技术研究，包括改进燃料芯块研究，综合性能优于M5、ZIRLO合金的新型锆合金研制，关键零燃料结构部件研发等，进一步提高燃料组件的卸料燃耗，延长换料周期，并通过提高热工裕度、抗震裕度实现燃料组件更高的可靠性和安全性，实现与“华龙一号”等第三代核电技术的全面匹配和大规模工程应用，达到第三代压水堆核电用燃料组件技术国际先进水平。

2050年阶段目标：汲取核电站运行的经验反馈和结合材料科学的最新进展，持续改进自主先进核燃料组件，提高各种工况下的综合性能、可靠性和经济性。

2）新型热中子反应堆核燃料元件。新型热堆包括超高温气冷堆和超临界水堆，其燃料类型和现有压水堆有较大差异。

近期目标（2020年前后）：我国的高温气冷堆建设已进入工程示范阶段，高温气冷堆燃料的发展是在现有的高温气冷堆燃料元件示范工程的基础上，实现高温气冷堆商业化推广及燃料元件的扩产。完成超临界水堆燃料包壳材料的选型及研发，重点针对奥氏体不锈钢或镍基合金等待选包壳材料在高温高压水中的腐蚀性能、应力腐蚀断裂、辐照性能、水化学作用及力学性能等进行研究，从而优选或研制满足使用需求的先进包壳材料。

2030年阶段目标：重点开展超高温气冷堆应用需要的燃料优化。考虑超高温堆要求燃料在更高温度和更高燃耗条件下的使用需求，基于高温气冷堆燃料技术基础，优化包覆颗粒燃料材料组成。例如开展用UCO核芯代替UO2核芯颗粒，用ZrC涂层或者ZrC/SiC复合涂层代替SiC涂层等。远期研发出满足超高温堆芯设计需要的燃料组件。需针对超高温堆芯特征开展燃料组件结构设计、试验研究，并建立燃料组件性能分析评价方法，实现超高温堆燃料组件入堆。

以超临界水堆工程应用为目标，完成超临界水堆燃料包壳材料燃料组件的设计研发。根据超临界水冷堆物理设计要求和反应堆布置，进行燃料组件关键结构设计研制，完成全面的燃料组件堆内外验证试验，完善燃料组件性能分析评价方法，具备燃料组件商用的条件。

2050 年阶段目标：通过开展超高温堆燃料组件研制（2030—2035 年）、超高温堆燃料组件试验研究（2035—2040 年）、超高温堆燃料组件入堆辐照（2040—2050 年），进一步补充为安全评审及性能评价提高所需的堆内外试验和性能数据库，实现超高温堆燃料组件的商业化应用。实现超临界水堆燃料组件商业化应用。

2.5.3 我国核能利用领域发展技术方向

先进压水堆的规模化发展面临着一定的挑战。核电作为一种商品，必须具备经济上的竞争力，产业才能有可持续发展的空间。目前国内外在建的第三代压水堆代表机型，如 AP1000、EPR 都有不同程度的延期，为第三代核电的规模化建设带来了一定挑战。由于第三代核电在我国批量化建设的初期，核电机组数量和装机规模相对较小且核电设备供货制造质量有待提高，学习效应还有待进一步体现，批量化建设的经济性还未真正体现。

核电站是个庞大复杂的系统工程，对安全和质量的要求极高，建设过程的每个链条、每个环节，特别是关键路径上的任何一个环节出现问题都可能影响工期从而影响经济性。目前对于核电经济性逐步变差这一局面，核电项目从业者、行业管理者等相关各方普遍意识不够，亟待开展系统性的研究工作。

此外，加强对设备质量、人因工程、系统配置管理与系统可靠性、保养与维护等性能、功能、质量、品质的提升，核电站的现实安全还可进一步提升。在此过程中，数字化电厂、电厂健康诊断系统、知识管理系统建设等方面的创新工作将切实保障核电站全生命周期的安全性和经济性。

核电标准体系是一个国家核电行业的顶层技术文件，体现了国家综合实力，可以指导、规范行业发展，是保障核电安全性、提高经济性和可靠性的重要手段，同时也是国际市场上重要的贸易壁垒。我国核电发展战略、核电安全理念和核电工程技术快速提升的现状，以及核电“四个自主”和“走出去”的需求，对全面系统高效的建设核电标准体系提出了急迫的要求。

为了解决先进压水堆目前存在的问题，促进压水堆核电的规模化发展，建议开展安全性、经济性研究，进一步提升核电产业竞争力，同时应确定核电产品型谱化、设计标准化、装备自主化、建造模块化，实现全寿期的智能化、信息化管理。

1. 压水堆核能安全技术

(1) 总体发展思路

核电安全发展的目标是做到消除大量放射性物质的释放，能够达到减缓甚至取消场外应急。我国“十三五”核安全目标要求中提出需要实现“从设计上实际消除大量放射性物质释放的可能性”。

华龙系列核电设计按照高可靠性设计、制造和建造的预防和缓解措施能够有效发挥功能，通过确定论和概率论分析表明，华龙系列核电设计满足 IAEA 和 EUR 的相关要求，“实际消除”可能造成大量释放的严重事故现象或工况，已经实现了“实际消除大量放射性物质释放”。

CAP 系列核电设计中充分考虑了纵深防御前 4 个层次要求，具有很好的独立性，充分考虑了严重事故的预防和缓解，针对风险重要的事故情景，设置了对应的有效的预防和缓解措施，严重事故发生并导致大量放射性物质释放的概率极低。综合 CAP 系列安全设计特点、确定论分析和 PSA（概率安全评价）结果，基于对实际消除的上述解读，分析认为 CAP 系列核电设计满足“实际消除”的要求。

下一步为实现能够达到减缓甚至取消场外应急的技术目标，首先需要研究如何增强固有安全性，通过先进核燃料技术和反应堆技术研究创新应用，保证发生事故概率足够小。

同时需要研究堆芯熔融机理，通过开展堆芯熔融物在堆内迁移以及堆外迁移的主要进程和现象研究，优化完善事故预防与缓解的工程技术措施和管理指南等，包括堆内熔融物滞留技术、堆芯熔融物捕集器和消氢技术等。

然后开展保障安全壳完整性研究，包括安全壳失效概率计算、源项去除等预防及缓解措施，应对安全壳隔离失效、安全壳旁路和安全壳早期失效和其他导致安全壳包容功能失效的事故序列。

最后需要关注剩余风险，采取安全壳过滤及储罐的技术方案，保障在极端情况下，实现放射性物质的“贮存、处理、封堵、隔离”，保障核电厂即使发生极端严重事故，放射性物质释放对环境的影响也是可控的，从而保障环境安全。

（2）耐事故燃料组件技术

1）研究现状。在福岛事故后，从显著提高安全性改善燃料组件严重事故下保持结构完整性的能力方面考虑，提出了革新性的 ATF（耐事故燃料）方向，并从提高燃料利用率角度考虑利用 MOX 燃料。美国能源部启动了 ATF 的研发项目，其最终目标是在 2022 年左右实现首个具备耐事故特征的燃料组件在商用反应堆中的辐照考验。日本于 2014 年也启动了 FIAT 研发项目，整合了国内 14 个组织开展 ATF 技术研发，其碳化硅复合包壳研发处于国际领先水平。中核集团 2012 年发布了“龙腾 2020 科技创新计划”，其中包含 ATF 研发专项。该专项以 FCM（全陶瓷微封装）、高铀密度燃料、FeCrAl、SiC 复合包壳等为重点，“十三五”期间完成了包壳样品的辐照考验并率先实现了国内的试验短棒入堆，同时计划开展环形燃料的研究。另外，由于中核集团雄厚的燃料研发实力，一方面引来拥有先进技术的单位就 FCM 燃料等磋商开展合作研究；另一方面，中核集团也在积极推进与国内外优势单位就 FCM 燃料等方面开展联合研究，必将率先在国内制备出 FCM 燃料芯块并入堆辐照。中国广核集团有限公司、国家核电技术公司启动了核电 ATF 研发，与相关单位进行合作研究，就 ATF 工程应用关键技术、单棒辐照考验等开展科研工作。

2）核电耐事故燃料技术研究。ATF 研发的主要内容包括先进燃料芯块技术研究、新型包壳材料研究、燃料方案综合评价及选型研究、堆内辐照研究及商用论证等。

在先进燃料芯块技术研究方面，研制具有更好热力学性能和裂变产物包容能力的先进燃料芯块，开展复合高铀密度燃料（如 UN、USix）芯块、FCM 燃料等工艺制备研究，燃料腐蚀、相容性、热力学性能等关键性能试验研究，掌握具备耐事故燃料特征的先进燃料芯块研制关键技术。

在新型包壳材料研究方面，以减少或消除包壳锆水反应产生可燃气体为目标，研制具有高温抗氧化、高温强度优良等特点的先进金属材料和新型复合材料。开展锆合金涂层、FeCrAl 等先进金属、SiC 复合材料及核级应用的 SiCf/SiC 复合包壳等材料工艺制备研究，材料堆内外性能研究，高温水/蒸汽腐蚀、PCI 等关键性能研究。

在燃料方案综合评价及选型研究方面，建立耐事故燃料性能数据库，开发适用于耐事故燃料的堆芯物理分析、热工水力和事故分析，以及燃料性能分析方法。基于此，对不同耐事故燃料方案进行综合评价，筛选出综合性能优良的一两种方案，完成耐事故燃料元件及组件设计、堆芯设计及热工水力设计。

在堆内辐照研究方面，根据设计方案开展耐事故燃料组件自主研制，实现先导组件入商用堆辐照。根据辐照结果，改进和优化 ATF 方案，研制出具备商用潜力的燃料组件。

在商用论证方面，根据法律法规，完成 ATF 组件商用论证，实现大规模商用。其商用范围不局限于中国，因此也需要针对出口国开展相应的燃料商用论证。

3）2020—2050 年的发展目标和重点任务。

近期目标（2020 年前后）：以 FCM、高铀密度燃料、FeCrAl、SiC 复合包壳、锆合金涂层等为候选材料，完成包壳样品的辐照考验，并实现试验短棒入堆辐照。

2030 年阶段目标：完成先导组件的研制及入堆辐照 1~2 个循环，通过池边检查以掌握一定的辐照数据，为安全评审提供初步的辐照数据，建立满足安全评审要求的性能分析方法。

2050 年阶段目标：掌握 ATF 组件规模化和经济化制造技术，进一步补充为安全评审及性能评价所需的堆内外试验和性能数据库，实现 ATF 组件商业化应用。

（3）严重事故现象及缓解措施研究

压水堆安全的基石是精心选址、纵深防御、严重事故预防与缓解、安全壳完整性以及安全分析。经过世界各国核工作者多年来的不懈努力，目前我国基本了解严重事故的各主要物理现象和威胁，并开发出了各种模拟工具来进行安全分析；从解决问题的角度，即从消除对安全壳的威胁来说，目前我国也取得了长足的进展，开发出了各种各样的严重事故预防与缓解措施。

目前的遗留问题主要是严重事故现象学和安全分析工具的局限性。严重事故缓解措施的成功与否，将严格受制于在堆芯熔融过程中出现的各种复杂物理化学现象。可以说，严重事故缓解措施的可信度，完全取决于对严重事故条件下的各种动态载荷和承载能力的有效估算。正因为这样，对严重事故现象的认识程度和遗留问题的优先级分类，可以帮助选取未来压水堆安全技术的提升方向。图 2-2 是严重事故重要现象和熔融物滞留措施。

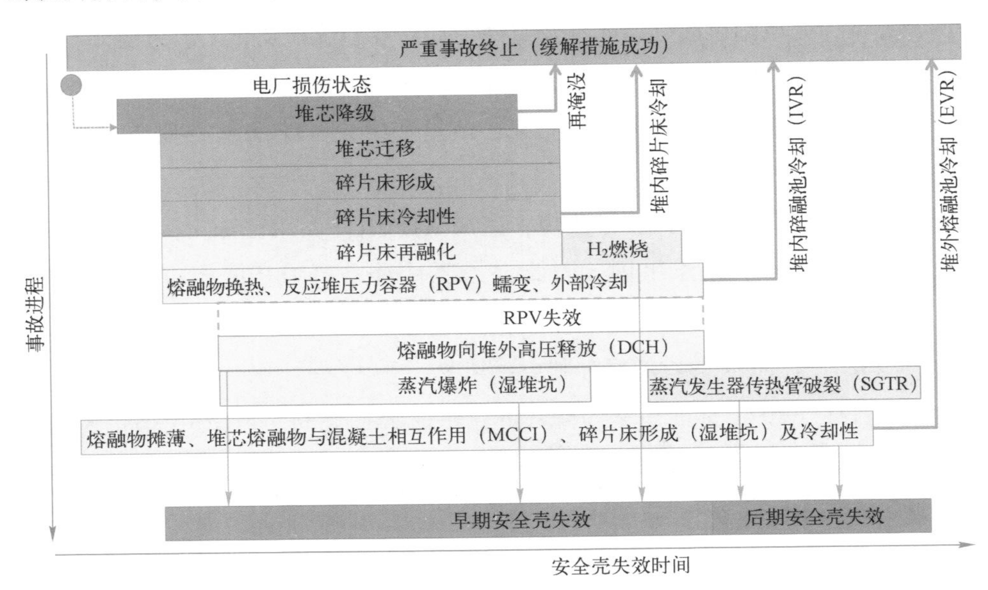

图 2-2 严重事故重要现象和熔融物滞留措施

压水堆安全技术目前迫切需要发展的方向有两大类：一是掌握堆芯熔融机理所需的严重事故现象学研究（实验研究和模型开发），二是开发和提升先进压水堆所需的严重事故预防和缓解技术（设计、模拟、实验及验证）以及事故管理水平；前者为基础研究，后者为工程（应用）研究。具体方向可参见图 2-3。

1）近期（2020 年前后）以提升现有技术为主：①一、二次侧非能动余热排出系统优化；②严重事故现象学研究路线图（包括合作共享机制）建立及研究；③堆内熔融物滞留（IVR）技术优化；④非能动安全壳冷却系统（PCS）优化；⑤堆外熔融物滞留（EVR/堆芯捕集器）预研；⑥乏池非能动冷却系统预研；⑦安全分析（严重事故分析软件）工具开发；⑧严重事故管理导则（SAMG）和大范围损伤缓解导则（EDMG）优化与验证；⑨源项与氢气风险控制技术优化；⑩“实际消除大量放射性物质释放的可能性”评价方法论。

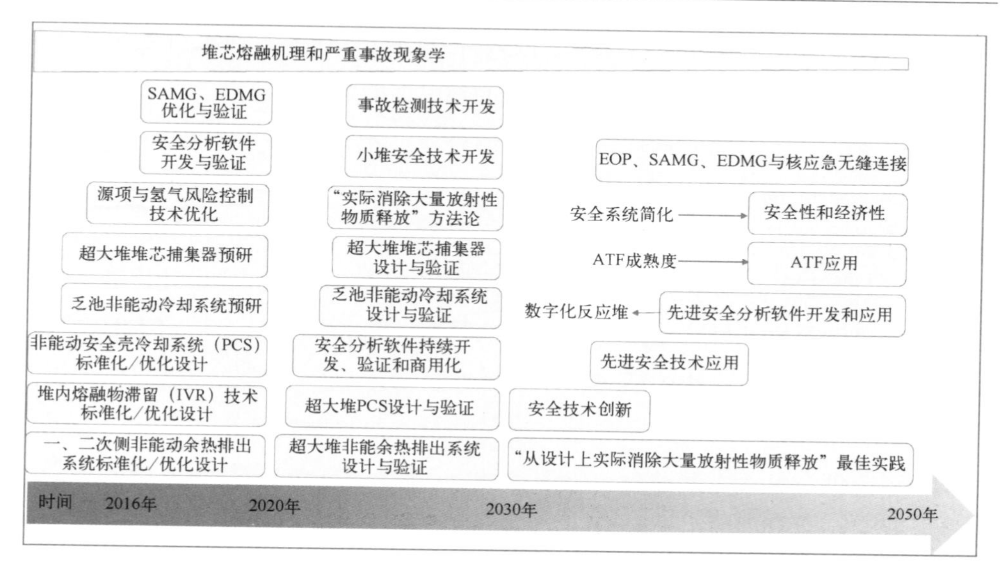

图 2-3　压水堆安全技术研究路线图

2）中期（2030 年前后）以技术创新为主：①超大堆非能动余热排出系统设计与验证；②超大堆非能动安全壳冷却系统（PCS）设计与验证；③安全分析软件持续开发、验证和商用化；④乏池非能动冷却系统设计与验证；⑤超大堆堆芯捕集器设计与验证；⑥严重事故现象学研究；⑦小堆安全技术开发；⑧事故检测技术开发；⑨从机理上实现“实际消除大量放射性物质释放的可能性”。

3）远期（2050 年前后）以新技术应用为主：①严重事故预防与缓解技术及方法论创新（简化、可靠、自动、先进模拟计算技术与方法、数字化等）；②应急运行规程（EOP）、SAMG、EDMG 与核应急无缝连接；③服务于智能化及更高安全性和更好经济性的先进压水堆安全技术（例如破解机理的简约、可靠设计）；④普遍接受的“实际消除大量放射性物质释放的可能性”最佳评价和实践。

2. 先进压水堆技术的进一步发展

（1）型谱化反应堆

面对不同的市场需求，提供不同功率规模和用途的核电型号是一个核电强国的重要标志。因此以不同功率等级的型号为牵引，采用相同设计体系和较为固定的设备选型形成满足不同市场需求的型号就成为持续发展的主要战略。在此过程中，需形成可支持系列化型号高效开发的设计体系，形成与之相适应的设备供应能力（供应链），同时型号需要满足电网的适应性要求。

为了完全掌握和充分发挥引进技术的特点，建议实施华龙和CAP系列化型号开发，扩展核能使用范围和市场，降低全产业链成本，提升全产业链效率。

1）近期目标（2020年前后）：①华龙优化改进和CAP1400设计建造，为后续规模化建设形成基础；②开发“华龙二号”（1600 MW_e）和CAP1700研究，形成自主化的经济性更优的超大功率核电站；③进一步加强供应链建设，提高通过重大专项攻关形成的产品质量、成品率及产品可靠性，在巩固重大专项成果的同时降低造价；④推动企业内部设计、工程、设备采购与制造进度计划一体化，提高项目管理的水平。

2）中期目标（2030年前后）：①开展国产第三代机组规模化建设；②“华龙二号”和CAP1700示范项目。

通过上述项目的实施，在环路配置、燃料选择、主设备选型方面可形成相对固定的组合，以确保经济竞争力。

（2）模块化建造技术

模块化建造技术可大幅缩短建造工期，缩短资本回收周期，提升经济性。

1）近期目标（2020年前后）：解决现有模块化建造过程中所遇到的各类问题。

① 充分吸收AP1000项目以及即将开工建设的CAP1400示范项目的经验反馈，提高人员综合技术水平，系统性提高模块化综合设计能力，优化模块设计水平。

② 搭建和应用可支撑模块化建造的多方协同作业数字化平台，提高管理的效率和准确度。

③ 研究应用先进三维测量技术及GPS定位技术提高模块化建造全过程的精度控制。

④ 开发自动化焊接工具，提高模块化拼装的效率。

⑤ 开发配套专用工具，支持和提高模块化制造的自动化、数字化、智能化水平。

2）中期目标（2030年前后）：满足核电站批量化建设大幅缩短工期和降低投资的需求。

①模块单元的标准化：将目前种类繁多的定制单元，例如钢板、支撑件、泵阀、管缆等归并为几类标准通用单元，促进模块的工厂化批量制造。②模块接口的规则化：模块的连接方式，包括铆接、焊接、混凝土浇筑连接等，通过对各种连接方式进行优化、精度管理、技术研发和工艺评定，制定模块接口规则，降低模块安装的偏差以提高安装效率。③核电站全面模块化：例如钢筋绑扎、混凝土浇筑等传统建造技术未来将成为制约核电站模块化建造的主要因素之一。电站全面模块化是实现核电站高效建造、智能建造的基础。

3）远期目标（2050年前后）：实现核电站的智能建造。

① 设计智能化。

② 工厂智能化制造。

③ 现场智能化安装。

（3）运行与维修安全技术方向

1）前景预测。我国核能规模化发展后，对运行与维修安全技术的需求主要体现在以下几方面。

① 核检测技术服务需求大幅增加。核电规模化发展后，2030年的在运机组数量将是目前的4.5倍左右，即使考虑未来新建机组大多采用18个月或以上换料周期，2030年的在役检查需求预计是目前的3.5~4倍，预计峰值产能要求是同时进行30台机组在役检查。

② 特种和智能检维修需求。核电站有时需要进行一些特殊环境（如狭小空间、高放射性、水下等）下的特种检维修。目前特种检维修需求还不旺盛，但随着机组运行时间增长以及数量增加，特种检维修需求将逐步增加，并成为我国核电站亟需的共性技术。现有的部分检维修工作需要投入大量人力、耗费大量时间，并且工作强度大、辐射剂量高、出错概率和风险大，属于“低端手工式”作业。按照目前核电规模化发展的形式，核电维修的业务量将成倍增加，因此必须对目前核电维修的技术进行全面升级，实现“高端智能式”作业。

③ 可靠性和老化管理需求。随着机组运行数量增加以及服役时间增长，大

量设备设施面临可靠性及老化问题，设备设施失效可能性和风险同时增大，特别是多个设备同时失效导致严重事故的可能性将会增加。因此，作为核电站安全运行的重要支撑技术之一的核电设备可靠性及老化管理技术需要尽快完善和提高。

④ 核应急响应技术需求。按照我国核电规划，到 2030 年，我国预计将有 110 座以上核电站投入运行。历史上发生的核事故，包括福岛事故、辐照装置事故、核电厂运行事故等都显示出了对核应急响应技术强烈要求，我国应尽快具备核应急响应技术以支撑核电规模化发展。

2）研究现状。总体来说，现有的核电运行维护领域的技术和产能尚不能满足 2030 年核能规模化发展需求，主要表现在以下方面。

① 检测效率不满足需求。如果依靠现有的检测技术，到 2030 年，检测人员和装备将增加至 4 倍左右，造成大量人力资源和装备使用效率低下，经济效益较差，需开发出更高效率的检测方法和技术，例如先进检测技术、检测信号自动分析技术等，以减少规模化发展核电对检测人员和装备的需求压力。

② 特种和智能检维修技术不足。现有特种智能检维修需求大多依赖国外，价格昂贵、周期漫长，而我国相关技术尚处于起步阶段，积累较少、技术不成熟，需要大力发展相关技术，例如核电智能检维修机器人。

③ 可靠性和老化管理技术需全面提升。我国可靠性和老化管理方面的技术起步较晚，基础性数据和建模技术不完备，存在技术短板，例如核材料老化降质的基础性研究、核设备老化定量分析、设备在线监测和自动分析等。为确保核电站安全运行，可靠性和老化管理技术水平需要全面提升。

④ 核应急响应技术缺口大。核应急响应技术是多专业集成的应用科学，其特点是要求应用集成、信息处理高效、反应快速可靠。我国在核应急响应方面的技术和装备积累较少，相关的关键技术急需开展技术研究。

3）2020—2050 年的发展目标和重点任务。

① 先进检测技术研究。近期，完成激光、电磁、三维成像、红热等先进检测技术在核工业应用的可行性研究；深入开展现有检测技术的应用研究（例如超声波检验技术——相控阵应用技术、涡流检验技术以及射线检验技术等），提高检验可靠性与检验精度；针对检验区域复杂、检验难度大、具有现

实检验需求的对象开展研究（例如一回路系统蒸汽发生器内部管板区域高剂量区域的自动渗透检验技术等），具备实施检查的能力；开展先进、自主化的检验仪器设备、软件开发研究，技术性能指标达到国际先进水平，部分指标国际领先。2030 年，完成部分先进新型检测技术的应用研究，具备工程应用条件。

② 核电站智能检维修机器人技术。近期，完成部分运维检修机器人机械部分与控制部分的研制，大幅提高自动化程度，机器人具备初级智能感知与自动识别控制功能，在一定人工辅助下具备实施检修的能力；通过“互联网+”和“大数据库”实现涡流检查以及视频检查信号自动分析判断。2030 年，通过机器人实现检修困难区域（例如蒸汽发生器二次侧内部、稳压器下部等）基本全部可达，机器人具备一定的智能感知与自动识别控制功能，基本具备独立实施检修能力。2050 年，大幅提升机器人智慧程度并具备独立实施检维修能力，实现运行维护技术智慧化。

③ 设备设施可靠性和老化管理技术。近期，掌握核电站电仪设备老化监测和专项老化监测技术并实现工程应用；建立新型材料老化降质研究实验室，开展材料老化基础性研究。2030 年，完成核电站主要关键设备在线监测技术研发，具备设备状态自动分析与预警能力；结合预防性维修策略自动实现维修优化；开展新型材料在高侵蚀性、高介质参数、超设计寿期等各种恶劣服役条件下的老化降质行为研究，建立新型材料老化降质的评估模型。2050 年，掌握核电站全部关键设备在线监测技术；建立设备及材料老化基础数据库，实现设备设施可靠性和老化管理精确定量分析。

④ 第四代堆型及未来新堆型运维技术研究。近期，完成针对高温气冷堆、快堆等第四代堆型的核心关键技术研究，具备规范要求的检维修技术服务能力，建立关键设备及材料老化数据库。2030 年，完成针对高温气冷堆、快堆等堆型的特殊检维修技术及装备研制，具备第四代堆型机组运行维护能力。2050 年，具备所有在役第四代堆型运维能力，达到国际领先水平。

⑤ 核应急响应支撑技术研究。近期，基本掌握核事故下放射性危险场所及强辐射强污染场下的特殊遥控操作装置、长距操作工具，具备一般事故抢险救

灾能力；掌握一般剂量下设备去污、场所去污、人员洗消、三废收集处理、土壤清污等环境恢复技术；开发出高精度超实时仿真机以预测事故发展趋势；开发出核事故下应急响应决策机制及事故评估体系。2030 年，为 7 级核事故下应急响应提供有力的技术支撑，包括抢险救灾能力以及环境恢复技术等，并具备参与国际核应急响应能力。

（4）智能化核电站技术

总体目标：利用数字化技术，改进完善核电厂全寿期的安全经济稳定运行；利用 CPU/FPGA 技术，提高数字化安全性、可靠性及可诊断性；利用大数据技术提高运行维护的可靠性，风险指引减少维修换料周期、优化换料提高燃耗，优化运行管理模式；运用动态三维模型预测事故发展进程，为运行控制操作、事故处理提供支持，优化人机界面，完善事故应对规程体系，应对可能潜在风险；进行老化和验收管理；三维模型优化研发和设计，指导施工建造，整合设备数据，运行阶段指导设备维护；实现建造、制造及运行对设计的反馈，优化设计。表 2-10 是智能化核电站平台系统简介。

1）数字化设计体系。通过使核电不同环节的数据在数字化平台上交互共享，大幅提高核电各环节的效率和可靠性。数字化设计体系以数据中心为基础和核心，包括数字化管理平台、智能化设计决策支持平台、数字化核电厂动态性能运算平台、数字化设备设计制造一体化协同平台、数字化运维服务支持平台、可视化虚拟工程验证平台、先进三维工程协同设计系统和核电站设计仿真与分析评价平台。

近期目标（2020 年前后）：研究形成数字化设计体系的总体框架、核心能力和主要功能，并使平台功能通过测试。

中期目标（2030 年前后）：研究核心能力和功能的全数字化、流程化和平台化，建成智能化数字设计、建设和运维体系。

远期目标（2050 年前后）：形成核电全生命周期设计、建造和运维管理体系。

2）核电厂健康管理平台。通过使核电不同环节的数据在数字化平台上交互共享，大幅提高核电各环节的效率和可靠性。数字化设计体系以数据中心为基础和核心，包括数字化管理平台、智能化设计决策支持平台、数字化核电厂动态性能运算平台、数字化设备设计制造一体化协同平台、数字化运维服务支持平台、可视化虚拟工程验证平台、先进三维工程协同设计系统和核电站设计仿真与分析评价平台。

近期目标（2020 年前后）：研究形成数字化设计体系的总体框架、核心能力和主要功能，并使平台功能通过测试。

中期目标（2030 年前后）：研究核心能力和功能的全数字化、流程化和平台化，建成智能化数字设计体系。

远期目标（2050 年前后）：形成核电全生命周期管理体系，大数据应用、事故缺陷的预测。

3）全生命周期知识管理体系。结合自主化第三代核电的研发和示范工程的建设，以设计院为龙头，有机整合型号预研、设计、研发、安审、采购、制造、建造、调试、运行、退役等各环节的知识源，将知识流贯穿于核电研发、设计、服务的全过程，形成具有可持续发展能力的知识获取、开发、应用、创造的知识链管理信息平台，保证知识的系统性、正确性、准确性、可追溯性和安全性。

近期目标（2020 年前后）：初步形成跨核电全生命周期的知识管理平台，高效吸收 AP1000 首堆以及 CAP1400 示范工程的经验反馈，以大数据的视野优化设计，简化设计，完成标准设计。同步深入推进数字化设计体系建设。

中期目标（2030 年前后）：形成针对确定型号的全面的知识管理平台，并根据设计、审评、制造、建安、调试和运行的反馈不断优化平台本身和其中的内容，如有可能，可应用于出口核电站。

远期目标（2050 年前后）：形成可为核电行业共享的标准知识管理平台，推进整个行业的知识共享、传承、升级。

表 2-10　智能化核电站平台系统

平台系统	核心功能	中核集团现状	国际先进水平
数字化反应堆	堆芯设计、燃料设计、结构设计、安全分析	★★★ Nestor 软件已发布并在“华龙一号”使用	★★★★
数字化设计	PI&D（系统原理图）、设计图、设备图、布置图、三维模型	★★★★ AVEVA 三维设计、协同设计已成熟使用	★★★★
数字化工程管理	工程计划管理、施工管理、采购管理、仓库管理、重量管理	★★ 分散工程管理系统，与业务系统分别建设	★★★★

（续）

平台系统	核心功能	中核集团现状	国际先进水平
协同制造	协同设计、协调制造、设备信息传递	★ 电子文件信息传递	★★★
数字化移交	三维设计模型、设计数据、制造数据、工程管理数据移交	★ 系统数据部分移交	★★★ ROSATOM 7D 系统
集成化运行平台	设备管理、工作管理、运行管理、人力资源、财务、供应链、集中采购	★★★ ERP+EAM，初建成但还未成熟	★★★★★ ERP+EAM
数字化生产	DCS（数字化仪控系统）、SIS（电厂监控系统）	★★★ DCS+PI 监视，初步应用，功能不成熟	★★★★
三维数字电厂	三维模型、设备模型、培训模拟、大修模拟	★ 单体设备培训模拟、汽轮系统检修方案模拟	★★★
大数据分析	大数据收集、挖掘、分析、利用	★ 研究试点	★
全生命周期管理	电厂设计、设备制造、现场施工、运行信息集成化管理	★ 试点应用	★★

3. 多用途利用发展方向（一体化模块式小型反应堆技术）

(1) 前景预测

1）技术的应用和推广。一体化模块式小型反应堆作为安全、高效、稳定的分布式清洁能源，能很好地满足中小型电网的供电、城市区域供热、工业工艺供热和海水淡化等多个领域应用的需求。IAEA 预测，在未来的 20 年，占能源消耗总量 50%的供热领域——城市区域供热、工业工艺供热、海水淡化等对清洁能源的需求会快速增加，仅全球城市区域供热一项的采暖能耗约占能源消耗总量的 16%。供热市场规模是电力市场的约 1.7 倍。

2）老旧小火电机组替代。城市化导致我国北方地区城市区域供热规模增长迅速。我国“三北”地区兼顾城市供热的纯凝小火电机组约 8000 万 kW，高能耗、高污染。淘汰 20 万 kW 以下落后小火电是我国政府大力推进能源结构转型的重要举措，但是淘汰落后小火电特别是热电联供小火电必须有替代能源。

3）工业工艺供热。在工业工艺供热领域，电力、建材、冶金、化工等能源消费密集的行业是我国支柱产业，这些行业的企业都建有不同规模的自备热电厂，使用的全部是化石能源，它们占大气污染的 70%以上。我国每年需求工业工艺蒸汽 9 亿 t，相当于 1.2 亿 kW 的热源，温室气体排放量大约占我国每年温室气体排放总量的 10%。这些存量工业热负荷必须有清洁替代能源，此外随着工业发展，还将有增量工业热负荷需要解决。加快开发小型模块化反应堆，以核代煤发展核能供热是解决这些问题的有效途径。

4）核能海水淡化。我国属于资源性缺水国家，淡水资源缺乏不仅发生在中国，中东地区、非洲国家长期严重缺水。以色列依靠海水淡化可满足至少 10% 的用水需求。沙特是世界上最大的海水淡化生产国，其海水淡化量占世界总量的 22%左右，使沙特登上了“海水淡化王国”的宝座。截至 2013 年，沙特共有 30 个海水淡化厂，海水淡化厂沿波斯湾和红海沿岸建设，接近工农业发展的重点地区，而且各厂之间由管道相连，形成供水网络，全国饮用水的 46%依靠淡化水。海水淡化可提供一个不受气候变化影响的稳定水源，可有效增加水资源总量，解决沿海地区城市水资源短缺。

5）核能城市区域供热。我国人口众多，地域辽阔，大约有 1/3 地区需要冬季采暖，采暖期达 4~6 个月。我国城市供热对能源的需求量居世界前列，广大的东北、华北和西北地区数百座大中型城市每年需要采暖供热的热功率高达几十万 MW，年耗煤数十亿 t，占总能源消耗的 15%以上。为扭转煤烟型污染的严峻形势，改善大气环境，我国城市供热必须调整能源结构，大力发展清洁能源，为城市热网提供更多环保、安全和经济的热源。城市区域供热的典型温度范围为 100~150℃，供热介质为水或蒸汽。大城市的区域热网规模大都在 600~1200 MW，为间歇供应模式，每年的热负荷因子一般都不超过 50%，并要求高可靠性，必须为非计划停机期间提供备份容量。大型热网往往由多个供热单元供热，因此小型模块化反应堆具有极好的热电联供市场，发展小型模块化反应堆能够有效应对因燃煤带来的环境压力。我国哈尔滨、沈阳、承德、东营、兰州等地都开展了核能城市供热的可行性研究。

6）分布式电源。随着世界经济的快速发展和对低碳能源的需求快速增加，核能应用将很快从发达国家向中等发达国家和发展中国家扩展。大型反应堆的一次性投资成本很高，许多发展中国家难以解决建设的一次性融资问题。受地质、气象、冷却水源、运输、电网容量和融资能力等条件的限制，发展中国家对中小型堆发电存在实际的需求。早期的反应堆以中小型功率居多，采用的都是第一代或者第二代核电技术。随着技术成熟和追求更好的经济性，大功率反应堆成为主流。据统计，中小型反应堆大约占世界核电生产的17%。目前多个国家正在开发小型模块化反应堆，它们具有比第三代大型压水堆更高的安全性，单堆投资成本少（并非是经济性提高，它们的单位功率成本将增加，仅仅是因为总功率降低使得单堆投资成本比大堆少），选址比较灵活，不受地域条件限制，可以在城市中发挥更多的作用，可根据用户需求灵活地选择初始建造规模，逐步增加装机容量，采用滚动发展、资金分阶段逐步投入的方式进行核电建设。小型模块化反应堆能够用驳船、铁路甚至卡车来运输，这就为海岛及中小电网、偏远地区、中小国家、岛国建造小型核电提供了机会。

（2）研究现状

我国政府以实际行动支持中国自主的小型模块化反应堆研发。国家能源局于2011年提供2.0791亿元国家资金支持中核集团ACP100小型模块化压水堆关键技术研究，并将小型模块化反应堆列入《国家能源科技“十二五”规划》，作为重大研究和重大示范项目。

国家国防科技工业局从核能开发途径瞄准世界领先水平，并于2011年立项批准中核集团开展下一代多用途先进小型模块化压水堆（ACP100+）关键技术研究，项目批准科研经费为1.2038亿元，批准了6大课题15项专题的研究。

国家核安全局积极指导小型模块化反应堆的研发，2015年2月，国家核安全局发布了《小型压水堆示范工程安全审评原则》征求意见稿。2015年4月，国家生态环境部核与辐射安全中心发布《模块式小型压水堆核安全技术准则》征求意见稿。2016年1月，《小型压水堆示范工程安全审评原则（试行）》正式发布。

截至目前，中核集团的ACP100小型模块化压水堆设计试验研发工作基本完成，具备工程应用条件。为保障ACP100的安全性，国家生态环境部核与辐射安全中心全程参与设计试验研发过程，独立开展3个年度共25项安全研究及第三方独立计算及试验验证，这些工作在2015年10月完成。在国内除中核集团在国家资助下开展小型模块化反应堆研发外，国家核电技术有限公司、中国广核集团有限公司及清华大学也在开展小型模块化反应堆的研发。

（3）基于压水堆技术的多用途利用发展路径

基于我国压水堆技术基础，考虑技术的逐步递进，面向核能多用途利用方向的压水堆创新，一体化模块式小型压水堆可分布分阶段实施，其发展路线如图2-4所示。依托国家小堆科技专项，近期可立即开展iSMR100-单模块10万kW级工程示范；中期研发单模块20万kW级完全一体化模块式压水堆iSMR200；远期开发固有安全可用户定制的iSMR-X一体化模块式金属冷却快堆研发，实现一体化模块式反应堆从热堆向快堆过渡，实现核能绿色可持续发展。

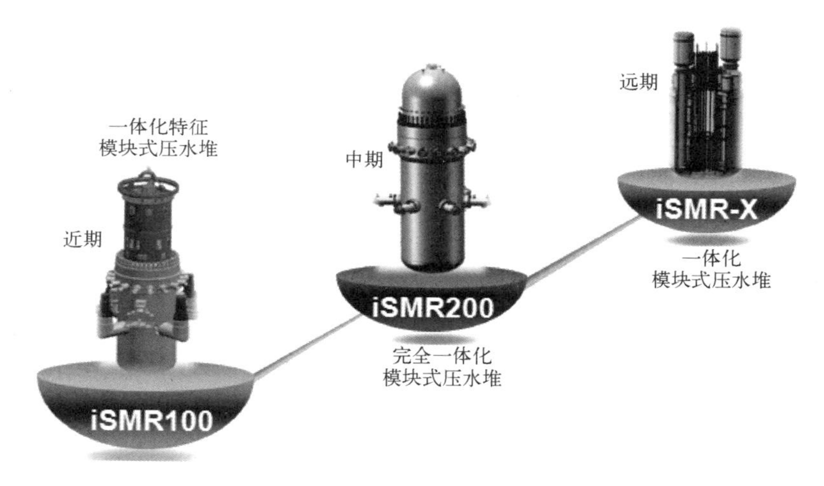

图2-4　压水堆创新及核能多用途发展路径

面向核能制氢、稠油热采、煤液化、冶金等高温工艺供热领域，高温气冷堆应从高温气冷热堆逐步向高温气冷快堆过渡，进一步提高反应堆出口温度，实现燃料增殖。

4. 我国核电装备制造技术创新

（1）我国核电装备制造的现状及支持程度

1）核岛主设备。核岛主设备指构成反应堆一回路压力边界的主要设备，包括反应堆压力容器、蒸汽发生器、堆内构件、控制棒驱动机构、稳压器、主管道、主泵7类设备。核岛主设备承担保持反应堆压力边界完整性、防止放射性外泄的重任，技术要求高，制造难度大，属于核安全一级。核岛主设备的数量不多，约占核电站全部机械设备的 1%，但价格占到全部设备费用的 1/5 以上（约 22%）。

反应堆压力容器、蒸汽发生器、稳压器是核岛主设备中的大型装备，制造企业有中国第一重型机械集团公司、中国第二重型机械集团公司、上海电气核电设备有限公司、东方电气（广州）重型机器有限公司、哈电集团（秦皇岛）重型装备有限公司、中核集团西安核设备有限公司等。2006 年以来，我国大型装备制造企业投入了大量经费用于技术改造和科研攻关，建成了一批先进的大型核电装备制造基地，核岛主设备制造能力、国产化水平和质量管理水平大幅提升。目前已经具备每年提供 10 套以上核岛大型装备的能力，可以满足我国核电发展的需要。

控制棒驱动机构和堆内构件制造属于核岛主设备中的精密制造，主要制造企业有上海第一机床厂有限公司、东方电气（武汉）核设备有限公司、四川华都核设备制造有限公司。目前，各种堆型的堆内构件和控制棒驱动机构均已实现国产化制造，且拥有自主知识产权，技术水平达到国际先进，控制棒驱动机构材料国产化达到 95%。

压水堆的主管道用不锈钢。第二代改进型机组用离心浇注的不锈钢，AP1000、CAP1400 及“华龙一号”的主管道用整体模锻不锈钢。离心浇注不锈钢由四川化工机械厂有限公司供货，整体模锻不锈钢主管道的制造企业有烟台台海玛努尔核电设备有限公司、吉林昊宇电气股份有限公司、渤海重工管道有限公司、中国第二重型机械集团公司等，这几家企业都完成了产品样机研制，具备整体模锻不锈钢主管道的生产能力，已经与在建的“华龙一号”、AP1000 及 CAP1400 的业主方签订了供货合同。

核电站主冷却剂泵是反应堆的“心脏”，其技术复杂、要求高，是我国核电装备制造的短板。第二代改进型机组和“华龙一号”用轴封式主泵，AP1000 主泵是屏蔽泵，CAP1400 示范工程主泵采用屏蔽泵和湿绕组泵两个方案。迄今为止，我国核电站主泵，无论是第二代改进型机组，还是第三代核电机组，全部依赖进口。目前，国内生产主泵的企业有采用法国技术的东方阿海珐核泵有限责任公司、采用奥地利 ANDRITZ 技术的哈尔滨电气动力装备有限公司、采用德国技术的上海凯士比泵有限公司。核心的关键技术仍掌握在外方，国内企业尚没有整机设计制造的能力，同时密封件等关键零部件还需要从国外进口。AP1000 依托工程采用的屏蔽泵全部从国外进口，目前哈尔滨电气动力装备有限公司与沈阳鼓风机集团股份有限公司正在组织联合攻关。CAP1400 示范工程的屏蔽泵由哈尔滨电气动力装备有限公司与沈阳鼓风机集团股份有限公司联合攻关，湿绕组泵由上海凯士比泵有限公司研制。“华龙一号”的主泵由哈尔滨电气动力装备有限公司制造。

2）常规岛主设备。常规岛设备分为汽轮发电机组及辅助设备两大类，由国内上海电气、哈尔滨电气、东方电气三大动力设备制造集团负责供货。

我国第二代改进型核电汽轮发电机组已经实现了设计自主化和制造国产化。国内自主设计制造了 30 万 kW 和 60 万 kW 核电汽轮机发电机组，百万 kW 级核电的半速汽轮发电机组在引进技术和与国外合作生产的基础上已经实现国产化制造，“华龙一号”汽轮发电机组也实现国产化制造。

AP1000 半速核电汽轮发电机组由哈尔滨电气集团有限公司与日本三菱公司合作，引进三菱技术，由国内设计制造 AP1000 汽轮发电机组。CAP1400 用的 1828 长叶片及焊接转子已完成研发和相关试验，汽水分离再热器已完成换热及分离性能试验。国产化翅片管已成功研发，正准备推广应用。常规岛辅助设备已经实现国产化。

3）核级泵阀。

① 核级泵。我国第二代改进型核电站（2 台机组）有各种泵 808 台，其中核岛 281 台，包括核一级泵（主泵）6 台；核二级泵 4 种 18 台；核三级泵 17 种 100 台。泵的种类有屏蔽泵、往复泵、离心泵、螺杆泵及潜水泵等。国内核岛用泵的生产厂家有沈阳鼓风机集团股份有限公司、上海凯士比泵有限公司、上海阿波罗机械股份有限公司、重庆水泵厂有限责任公司、大连深蓝泵业有限公司、大连苏尔寿泵及压缩机有限公司等。目前，核二、三级泵和非核级泵大多已经国产化，部分核级泵仍需进口。

AP1000 取消了核级余热排出泵、安全注射泵和安全壳喷淋泵，除离心式上充泵外，其他类型泵均有能力实现国产化。

② 核电阀门。我国第二代改进型核电站（2 台机组，不包括仪表阀）有阀门 11000 余台，其中核级阀门 6000 多台，核一级阀门 178 台，核二级阀门 2540

台，核三级阀门 3400 台。

核电站使用的阀门种类和数量繁多，有闸阀、截止阀、节流阀、球阀、隔离阀、止回阀、调节阀、卸压阀及安全阀等。

安全阀是对核电站系统和设备起安全保护作用的阀门设备。目前国内有三家公司获得国家核安全局颁发的核级安全阀设计、制造许可证，有资质提供核级安全阀。它们分别是上阀阀门厂股份有限公司（核一级、二级、三级安全阀）、吴江市东吴机械有限责任公司（核二级、三级安全阀）、滨特尔流体控制（上海）有限公司（核二级、三级安全阀）。三家企业有自己的安全阀性能试验台架和先进数控加工中心，具备安全阀研发试验条件和加工制造能力，国产的核级安全阀已经应用在巴基斯坦恰希玛项目。国内机组上用的安全阀，特别是价值高的核一级稳压器安全阀、核二级主蒸汽安全阀、大口径汽水分离再热器（MSR）先导式安全阀等高端阀门全部依靠进口，国内供货仅限于 NSSS（核蒸汽供应系统）、BNI（核岛配套设施）系统的核级和非核级弹簧式安全阀，这些阀门数量多但价值不高。近年来，国内企业正在开展高端阀门的国产化研制工作，重点是核一级稳压器安全阀、核二级主蒸汽安全阀和大口径汽水分离再热器（MSR）先导式安全阀。

稳压器安全阀安装在一回路稳压器上，是核电站安全阀中唯一属于安全一级的部件。稳压器安全阀有弹簧式和先导式两种，执行 ASME（美国机械工程师协会）规范的核电站较多使用弹簧式，执行 RCC-M（法国压水堆核岛机械设计和建造规则）的核电站较多使用先导式。弹簧式结构较简单，先导式结构较复杂。上阀阀门厂股份有限公司已经研制了 300 MW 和 1000 MW 先导式稳压器安全阀，正在研制 AP1000 和 CAP1400 稳压器安全阀。

主蒸汽安全阀安装在二回路主蒸汽管道上，对蒸汽发生器和主蒸汽管线进行超压保护。主蒸汽安全阀为弹簧载荷式安全阀，口径大、压力高、排量大。目前已完成了 300MW 和 ACP1000 主蒸汽安全阀的研制，“华龙一号”、AP1000 和 CAP1400 主蒸汽安全阀样机正在研制过程中。

汽水分离再热器（MSR）先导式安全阀属于非核级阀门，由于其口径大、数量多、单价高，长期依靠进口。目前，300 MW 的 MSR 安全阀已应用在恰希玛核电项目，AP1000 先导式安全阀也已完成型式试验，下一步准备研制 CAP1400

先导式安全阀。目前已经完成研制的高端核电安全阀包括 300 MW 核一级弹簧式稳压器安全阀、ACP1000 核一级弹簧式稳压器安全阀、300 MW 核二级主蒸汽安全阀、ACP1000 核二级主蒸汽安全阀、AP1000 汽水分离再热器先导式安全阀等。在研的有 AP1000 核一级弹簧式稳压器安全阀、CAP1400 核一级弹簧式稳压器安全阀、AP1000 核二级主蒸汽安全阀、CAP1400 核二级主蒸汽安全阀、"华龙一号"核二级主蒸汽安全阀、CAP1400 汽水分离再热器先导式安全阀等。国内企业积累了丰富的设计、制造、试验经验，具备开发 1000 MW 以上高端安全阀的能力。未来向系列化方向发展，以满足不同功率核电机组的需求。

在核电发展带动下，中核苏阀、大连大高、苏州纽威、江苏神通、上海良工、江南阀门等一批核电阀门制造企业的研制和生产能力有很大增长。其中，中核苏阀是国内核级阀门研制生产的骨干企业，具备很强的核级阀门设计、制造、试验及调试的能力，研制的 DN800 和 DN1050 两个规格的主蒸汽隔离阀，已经通过了国家能源局委托的专家鉴定，并且与福清 5、6 号，巴基斯坦 K2、K3 项目签订了供货合同。其他阀门生产企业也为核电提供了大量合格产品。目前，除烧水高端阀门外，绝大多数核级闸阀、截止阀、止回阀等都已经实现了国产化，但是相当数量和种类的安全级调节阀、控制阀仍需进口，各种驱动头（气动、电动）尚不能全部国产，特别是驱动头的重要部件（如电磁阀、位置开关、气动泵、接插件等）。

AP1000 采用非能动理念，核岛阀门数量大幅度减少，一台机组的核岛阀门约 3200 台。爆破阀是 AP1000 设计中独特的重要设备，三门一期、海阳一期的依托项目中依赖进口，中核苏阀已经完成了 CAP1000 及 CAP1400 爆破阀所有功能试验（各 12 次），完成了药筒驱动装置的热循环、热老化、辐照老化、振动老化、EMC 试验，以及鉴定试验和阀门整机的鉴定试验，为爆破阀的国产化奠定了坚实的基础。

4）仪表与控制系统及设备。核电仪表控制系统及设备分为数字化仪控系统、其他重要仪控系统及重要仪表三大类，在技术上可以分为三代产品。第一代是基于模拟组合仪表和继电器逻辑的传统仪控系统。第二代是以传统仪控系统为主，计算机采集系统（SCADA）为辅的混合型仪控系统。第三代是基于计算机和网络技术的数字化仪控系统（DCS）。我国秦山一期/二期、大亚湾、岭澳一期核电站采用第二代模拟仪控系统，自 1996 年起在田湾、岭澳二期、红沿河、宁德、阳江等核电站全部采用第三代数字化仪控系统。

核电厂数字化仪控系统及设备技术难度大，以往国内核电机组的仪控系统都被国外供货商垄断。例如阿海珐和西门子是田湾一期、岭澳二期全厂数字化仪控系统的供应商，西屋电气为三门、海阳 AP1000 提供全套仪控系统，英维思作为中核集团的福清、方家山、海南项目的供应商，国内还缺乏专业供应商。近年来，北京广利核系统工程有限公司、北京中核东方控制系统工程有限公司、国核自仪系统工程有限公司等加快了自主研发的步伐，在核电厂数字化仪控系统及设备的研发及供应方面取得突破。

北京广利核系统工程有限公司在国内率先实现非安全级 DCS 系统（HOLLiAS-N）、专用仪控系统（SpeedyHold、FitRel）和核级数字化仪控系统（和睦系统 FirmSys）的自主化、国产化突破。目前，非安全级 DCS 系统已向红沿河、宁德、阳江、防城港等 10 余台新建核电机组供货。安全级 DCS 系统（和睦系统 FirmSys）及专用仪控系统已经与阳江 5、6 号机组，红沿河 5、6 号机组，田湾 5、6 号机组，山东石岛湾高温气冷堆以及防城港二期“华龙一号”签订了供货合同。和睦系统 FirmSys 具有完全自主知识产权，可为我国核电“走出去”提供保障。和睦系统可用于反应堆安全级仪控系统，包括反应堆保护系统（RPS）、专设安全设施驱动系统（ESFAS）、事故后监测系统（PAMS），也可降级应用于安全相关级和非安全级控制系统，带动国内核安全级数字化仪控领域全生命周期产业链自主化能力的提升。

中核控制系统工程有限公司已实现非安全级 DCS 系统（NicSys）的全部自主化与国产化，与阿海珐和西门子合作，为福清 5、6 号机组供货。中核控制系统工程有限公司与法国合资成立中核阿海珐安全仪控工程有限公司（CASI），推进核电站安全级 DCS 的本地化。

国核自仪系统工程有限公司联合美国洛克希德·马丁公司开发核级 DCS 产品（基于 FPGA 技术的 NuPAC 平台），在美国得克萨斯州达拉斯市的合作研发基地已经投入运行，完成了平台的设备鉴定和软件的验证与确认（V&V），拟用于 CAP1400 反应堆保护和监测系统（PMS）等。非安全级 NuCON 平台已经用于平东热电厂 2×210 MW 机组的控制系统改造，于 2015 年 10 月份投运，为后续反应堆控制系统的应用积累了经验。

中国核动力设计研究院研发了基于 CPU 技术的数字式堆芯冷却监测机柜，非安全级设备已取得福清 5、6 号，巴基斯坦 K2 和 K3 项目的供货合同。核安全级 DCS 平台“龙鳞系统”（NASPIC）于 2018 年正式发布。这一平台拥有完全自主知识产权，已通过最高等级的功能安全认证，部分关键指标达到国际领先水平。

中广核研究院有限公司研发了基于 FPGA 技术的数字式堆外核测量系统 RPN 工程样机，2015 年在阳江 3 号机组进行了堆上验证试验，目前正在开展推广应用。

5）关键原材料。核电制造的关键原材料有大型锻件、蒸汽发生器传热管材料和核级焊接材料等。过去几乎全部依赖进口，是我国核电装备制造的一个瓶颈。近年来，在核电发展带动下，特别是在国家重大科技专项的支持下，大型锻件、蒸汽发生器传热管和核级焊接材料都取得了重大突破，已经具备了实现国产化、自主化的能力。

大型核电锻件的制造是一个国家制造能力的重要标志。针对我国核电大型锻件制造能力不足的短板，在国家“大型铸锻件制造关键技术及装备研制”（“十一五”科技支撑计划）和“重核电关键设备超大型锻件研制”（“十二五”国家重大专项）支持下，经过国内主要制造企业及相关协作单位共同努力，我国大型锻件制造能力、技术水平及产能上了一个新台阶。目前，中国一重集团有限公司、中国二重集团有限公司和上重矿山机器股份有限公司已经具备为第二代改进型机组和 AP1000、CAP1400、“华龙一号”等第三代核电提供全部大型锻件的能力，大型锻件生产制造达到国际先进水平。除个别锻件因工程进度等原因需要进口外，核电大型锻件全部可以由国内企业提供。

蒸汽发生器传热管材料（镍基合金 690）以往主要依靠进口，目前已经实现国产化。（江苏）宝银特种钢管有限公司、浙江久立特材科技股份有限公司两家公司已经具备每年生产 1300 t 管材的能力，可以满足 6~8 台核电机组蒸汽发生器制造的需要。国产化的 690 产品已经用于核电工程。

核级焊接材料也是我国核电装备制造业的短板，以往全部依赖进口。目前，上海核工程研究设计院有限公司与哈尔滨焊接研究院有限公司、四川大西洋焊接材料股份有限公司联合攻关，26 个品牌的核级不锈钢、低合金钢、镍基合金的焊接材料已经研制成功，部分核级焊材已经用于核电工程。

综上所述，我国核电装备制造业已经具备了每年提供 6~8 台核电机组成套装备的能力，可以满足我国核电持续发展的需要，为核电规划的实现提供强有力的支撑。除主泵、AP1000 数字化仪控系统等少数装备仍处于国产化研制过程中外，绝大多数核电装备制造已经实现了国产化、自主化，核电装备的综合国产化率可达 80%以上。

（2）核电装备制造技术及存在的问题

1）核岛主设备。反应堆压力容器、蒸汽发生器、稳压器属于大型核电装备，其体积大，重量重，制造技术要求高，涉及的技术领域包括机械加工、焊接和热处理、装配制造、试验和检测等许多环节。

在机械加工技术领域，其工艺复杂，要求高。需要解决的关键技术有反应堆压力容器的最终立式机加工、出口接管内凸台最终机加工、主螺栓加工、容器法兰螺孔加工等；蒸汽发生器支撑板梅花孔加工、管板深孔加工、排污孔加工、水室封头最终加工等。

在焊接和热处理领域，其焊缝数量和类别多，技术要求高。需要解决的关键技术有反应堆压力容器的主环缝窄间隙埋弧自动焊、大面积不锈钢堆焊、窄坡口焊接、接管安全端异种金属焊接、最终环缝局部热处理等；蒸汽发生器筒体、管板和水室封头的环缝局部热处理，防止 TUBE DING 技术等。

在装配制造技术领域，其可靠性要求高，装配精度要求高。需要解决的关键技术有蒸汽发生器支撑板装配、管束及抗震条装配、水室隔板装配、一级分离器与给水环组件安装、泵壳装配等。

在试验和检测领域，需要解决的关键技术有环缝、焊层和特殊接头的无损检测技术，换热管涡流检测技术，异种金属接头的超声检测技术和射线检测技术，水压试验技术和干燥技术等。

在大型核电装备制造领域，我国与国外先进水平的差距主要表现在技术稳定性和可靠性不足、焊接缺陷多、加工精度偏差大、检测灵敏度低。突出的问题是手工操作（手工焊接、手工装配、手工检测）的比重大，加工效率低、管理手段落后，造成新产品研发周期长，不符合项（NCR）处理时间长；机加工自动化、智能化程度不高，加工精密度不够。

大型核电锻件制造的主要技术难点有锻件的高纯净度和均值性技术，锻件细化晶粒的热处理技术，锻件调质淬火冷却过程的萃透性技术，大尺寸、大厚度板坯的锻透、压实及成形技术等。与国外先进水平相比，我国在大型锻件制造的产品质量稳定性和成本控制方面有较大差距。由于对工艺技术的全面系统研究不够，基础性数据少，经验及数据的积累少，生产管理水平低，大型锻件制造的成本高、周期长。

控制棒驱动机构与堆内构件属于精密机械，材料品种多，制造精度要求高，需要经过样机研制、寿命考验、试验验证等一系列程序。目前存在的主要问题是自主创新能力比较弱，特别是在系统分析能力、试验验证手段及一些特殊材料的生产供应方面。由于系统分析能力、试验验证手段不足，新材料和创新成果的推广利用受到很大制约，性能的提升、优化难于实施。国内关键原材料产业基础薄弱，超长、超宽板材生产能力不足。由于材料用量少，耐高温、耐腐蚀性能要求苛刻，企业国产化积极性不高。

除技术创新外，还需要加强核岛主设备制造的体制机制创新。长期以来，我国核岛主设备的设计与制造脱节，设备制造企业基本停留在来图加工的层面，加上相互保密、各自为政的实际状况，影响了自主创新能力和水平的提升。建议进一步创新体制机制，加大产、学、研结合的力度，集中国内各方面优势技术力量合作攻关，尽快突破核岛主设备设计制造的技术瓶颈。同时要加大政府引导和产业政策调控力度，对承担国产化重点任务的企业给予政策倾斜，为技术创新和国产化创造良好的外部环境。

2）常规岛主设备。目前，我国自主研发的发电机静态励磁系统尚未通过验证，发电机静态励磁系统还依赖进口，汽轮机组的控制系统仍依赖进口，大型锻件质量稳定性有待提高。此外，基于大数据、云技术的核电汽轮发电机远程监测、专家诊断系统尚在开发。

3）核级泵阀。核岛用泵主要问题是自主创新能力不足。国内供货主要采取合作生产或者测绘设计后加工制造的形式，自主设计的产品少。国内核岛用泵产品质量明显低于进口产品，厂家的质量意识不强，产品配套能力差。重点要加强产品的质量管理和监督，提高设计和制造水平。针对目前供货厂家多的实际情况，可以通过定点扶持重点企业的方法，培育优势企业。

在核电阀门方面，随着核电机组功率的增加，稳压器安全阀的排量及主蒸汽安全阀的压力和排量相应增加，安全阀的流道直径、波纹管的有效面积、弹簧的直径等参数均要增大，给安全阀的制造、关键件的采购和阀门试验带来了困难，大型核电站的稳压器安全阀和主蒸汽安全阀研制都有一些技术难点需要攻克。

首先是关键元器件的国产化问题。例如，弹簧式稳压器安全阀需要采用波纹管平衡结构，目前国产的波纹管不能完全满足疲劳寿命（5000 次）、工作压力（外压 4.3 MPa）、有效面积（100 mm^2）、压缩位移（大于 24 mm）、刚度等指标要求，安全阀样机使用的波纹管不得不从国外进口。又如，国产弹簧的刚性偏差指标（±10%）明显高于国外产品（±5%）；核级位置指示器目前仅有两家美国公司能够生产，价格奇高，受制于人。

其次是国内试验装置的改造升级问题。大型压水堆安全阀的热态性能试验台架需要进一步扩容改造升级，国内还不具备高参数的 ATWS（未能紧急停堆的预期瞬变）工况下进行排水工况鉴定试验的台架，影响了核电关键阀门的国产化。此外，目前我国已建和在建核电站使用的先导式稳压器安全阀全部从欧洲进口。由于先导式稳压器安全阀结构复杂，国内这方面的技术积累比较薄弱，目前还不具备研制样机的条件。

核级阀门的关键技术的攻关包括设计技术、计算分析技术、材料技术、工艺与装备技术、检验和试验技术等几个方面。为了满足核电站工况的特殊要求，必须在设计时充分考虑核电工况的诸多细节，尽量采用成熟的、经过验证的、可靠性高的结构。要按照 ASME 或 RCC 规范对一次薄膜应力、二次薄膜应力、热负荷、循环载荷、疲劳、自振频率、地震及流体振动等进行完整的分析计算。关键部位的材料要按照核级材料规范进行生产、检验、无损探伤，与一回路冷却剂接触的材料要限制钴含量，阀门密封面要采用无钴的堆焊材料。在工艺装备及检验技术方面，要求高精度加工装备、高端焊接设备、热处理设备、无损探伤设备、全面的检验检测设备以及相应的工艺技术与人才。

4）数字化仪控系统。我国数字化仪控系统研制起步晚，需要在应用过程中不断完善提高。国内首个自主数字化仪控系统虽然已在山东石岛湾高温气冷堆项目，阳江5、6项目，红沿河5、6项目上应用，但产品的适应性需要在应用过程中加以验证并不断完善、提高，进一步扩大其在国内外的品牌知名度，并推广应用。

目前突出问题是国内研发力量分散。上海电气、哈尔滨电气、东方电气三大集团都在研发新的控制系统、保护系统、堆芯测量系统和相关设备，由于质量可靠性要求高，研发有许多技术难点，需要耗费大量资金、人力及相关资源。各集团各自攻关，缺少实质性的技术交流，竞争远大于合作。技术的封锁和封闭，增加了科研开发的成本，也不利于系统设备水平的提高。

在安全重要系统设备的研发过程中，缺少深入的技术审查，也是当前的一个突出问题。研发和设计过程中，往往只进行一般性的评估或会议评审，对文件和图样缺少严格技术审查和层层把关，校对、审核或者批准流于形式。由于过多强调技术保密，欠缺外部技术审查，对于是否存在隐患和风险心中无数。一些重要技术问题不容易发现，即使发现和提出了一些问题，也因为种种原因难以得到认真的处理和反馈。

（3）技术创新发展方向

1）创新课题与目标。建议设立“核电装备制造关键技术创新工程”，以尽快补齐核电装备制造领域的技术短板，提高我国核岛主设备制造的自主创新能力和国际竞争力，为我国核电规模化发展和核电“走出去”提供有力支撑。

2）重点任务。

① 提升核电装备制造和关键原材料生产的技术水平，促进新一代信息技术与制造业的深度融合发展，推动三维（3D）打印、移动互联网、云计算、大数据、新材料等新技术在核电装备制造中的应用，并尽早取得新突破。

② 进一步增强核电装备制造的自主创新能力，核电主设备、关键设备的制造厂应具备相当的设计、分析能力，加大制造工艺研究，提高工艺水平，提高产品的技术水准和质量。通过产学研结合、军民融合、产业联盟等多种方式，完善和提高自主设计能力、基础研究能力、试验验证体系建设。

③ 尽快突破AP系列主泵制造、DCS国产化等技术瓶颈，提高第三代核电站国产化保障能力，为我国核电走出去提供可靠保障。

3）具体技术方向。

① 在大型装备和精密机械的制造领域，涉及机械加工、焊接和热处理、装配制造、试验和检测等相关领域，促进新一代信息技术与制造业深度融合发展，推动三维（3D）打印、移动互联网、云计算、大数据、新材料等领域取得新突破。

在机械加工技术领域，重点发展高效精密自动化加工技术，提高自动化、智能化水平，降低制造成本。

在焊接技术领域，重点发展镍基合金双热丝等离子堆焊技术、窄间隙双丝埋弧自动焊技术、超窄间隙激光焊技术、马鞍面热丝TIG/双钨极堆焊技术、马鞍形接头低变形窄间隙焊技术、管子管板机器人焊接技术、水室隔板机器人焊接技术、SG小空间机器人焊接/堆焊技等，改变以手工焊为主的现状。系统深入地开展接头服役性能（腐蚀、疲劳和断裂韧性等）研究、工艺稳定化研究、焊接工艺高可靠性研究、焊接质量在线实时检测研究、焊接缺陷跟踪处理技术研究等。

在热处理技术领域，开展高效节能低碳加热技术研究、感应加热技术研究、气体加热炉流场智能控制技术研究等。

在装配制造、试验和检测技术领域，开展3D测量和激光测量技术研究、智能制造和大数据管理技术研究、精益化智能化生产技术研究、数字化超声波检测和射线检测技术研究、质量实时检测技术研究等，进一步提高产品质量。

② 在大型锻件制造领域，加强对锻件高纯净度和均值性技术研究，锻件细化晶粒的热处理技术研究，锻件调质淬火冷却过程的萃透性技术研究，大尺寸、大厚度板坯的锻透、压实及成形技术研究，提高我国大型锻件制造的产品质量稳定性和成本控制。加强对工艺技术的全面系统研究，加强制造、调试及运行过程中经验及数据的反馈及积累，丰富工艺过程的基础性数据，提高生产管理水平。

③ 在主泵制造技术领域，首要任务是尽快实现AP1000主泵及CAP1400示范工程主泵的国产化、自主化，摆脱依赖国外公司的被动局面。“华龙一号”的主泵也要实现完全的国产化和自主化，解决密封件等关键零部件依赖国外供应

的状况。

④ 在核级阀门领域，攻关目标主要是长期被国外垄断的高端核级阀门，包括核一级稳压器安全阀、核二级主蒸汽安全阀、大口径汽水分离再热器先导式安全阀、核级调节阀等。

技术创新的重点包括阀门设计的深度有限元分析技术、关键元器件的国产化攻关、国内试验装置的改造升级、主蒸汽隔离阀气液联动机构等方面，需要国家提供一定的费用予以支持。

⑤ 数字化仪控领域包括以下几点。

a. 研发新型的、改进的数字化仪控系统平台和设备。

研发的第一代安全级产品/版本要完成工程样机的设备鉴定和软件 V&V，实现产品在核电厂仪控系统中的工程应用，并不断进行总结和提高。

在确保工程安全应用的同时，要不断创新和完善平台中的产品种类，提升产品的技术性能指标，形成新版本平台，以适应第三代和各种类型核电厂的需求。

b. 研究和掌握数字化系统设备的关键核心技术。

关键核心技术包括信息安全技术研究、全通信技术研究、大屏幕安全显示控制设备研发、系统和软件可靠性分析研究、有关 FPGA 技术的设计和验证方法研究、安全级 DCS 设备鉴定技术研究、安全重要仪控系统执行 A 类功能的计算机软件 C 语言编程指南研究等。

c. 核电厂数字化控系统整体解决方案研究和产品智能化研究。

吸取与国外供货商合作的工作经验，研究提出第三代核电厂的安全级平台和非安全 DCS 的应对技术方案，制定标准的工程项目实施方案，对数字化仪控系统的软件要按照软件工程的原理进行开发，研发全生命周期的 V&V 技术。结合工业 4.0 发展趋势，探索基于现场控制技术的全数字化、智能化、网络化的现场总线控制系统，进一步融合现场测控、通信和数字化控制系统，研发具有更高可靠性和适应性的控制系统与设备。通过物联网、大数据、云计算等技术，进一步提升核电站数字化仪控系统产品的处理速度、自诊断、安全性等水平，促进核电厂仪控系统的智能化、控制功能分散化、控制系统开放化。

d. 主控室的人工智能研究。

结合人工智能的发展趋势，开展基于人工智能的下一代主控室研究，依托计算机运用数学算法模仿人类智力，让计算机“学会”人类的分析、推理和思维能力。在核电站运营中，为主控室的操作员提供更为全面的信息，提供判断依据，以辅助操作人员进行运行操作和事故处理，最终减少操作员的人工失误，大幅提升核电站的安全运行。

2.5.4 我国核能领域后段发展技术方向

1. 乏燃料干法贮存技术

国际上压水堆乏燃料离堆贮存包括干法贮存和湿法贮存两种方式。我国已经掌握压水堆乏燃料离堆湿法贮存技术。与压水堆乏燃料湿法贮存技术相比，干法贮存技术具有模块化贮存能力、运行费用低、放射性废物产生少、抵抗事故能力强等优点。世界上许多国家都在进行乏燃料离堆干法贮存技术的研究，部分国家的干法贮存系统已经成功地应用到核电站乏燃料离堆贮存中。近一二十年以来，国际上干法贮存技术也日益趋于成熟，采用干法贮存的乏燃料数量显著增加，有些国家甚至建议冷却一定时间以后的乏燃料全部采用干法贮存技术。干法贮存技术大致可以分为 3 种形式：干井贮存、贮存室贮存和容器贮存，容器贮存又可以分为金属容器贮存和混凝土容器贮存。

乏燃料干法贮存容器设计是一项综合性很强且具有一定难度的工作，涉及的专业很多，如结构、材料、焊接、力学、热工、包容、屏蔽以及临界等专业。2020—2050 年的发展目标和重点任务如下。

（1）干法贮存容器适用法规标准研究

主要解决途径为调研和分析国内外容器设计、制造、取证过程中的相关法律法规和相关标准，确定法规和标准的适用性。

（2）容器设计研究

主要解决途径为通过对容器内容物及容器所处外部条件（地震、洪水、龙卷风、火灾、爆炸等）设计基础的确定，完成容器安全相关系统、结构和重要部件的设计及安全分析，确定容器结构方案。通过对容器结构、力学、热工、包容、屏蔽以及临界的分析，完成容器的结构设计，并进行屏蔽、热工等相关试验验证分析计算结果。如国家主管部门要求进行力学试验，则通过相关力学试验验证力学计算结果。容器内容物条件和容器外部条件的确定可委托或依托容器的潜在业主，例如中核核电有限公司、中核清原环境技术工程有限责任公司、中核瑞能有限公司或中核四〇四有限公司等完成。

（3）干法贮存容器正常工况下安全分析研究

主要针对不同形式的干法贮存容器结构进行调研分析，包括容器结构分析评价、热工衰变热排出系统、热负荷和环境条件影响、包容系统监测、可能的核素释放、屏蔽分析和屏蔽监测、容器内容物及内容物燃耗信任等内容的研究，以及对上述研究所采用的计算方法和模型研究，通过调研分析完成干法贮存容器正常工况下的安全分析研究。

（4）干法贮存容器事故工况下安全分析研究

对非正常工况条件下和事故工况下的不同结构形式容器结构的安全分析进行调研研究；对非正常工况，例如低于设计允许高度的容器跌落、部分衰变热排出通风口堵塞、误操作事件、贮存设施断电、容器超压等条件下的容器安全分析进行调研分析；对事故工况下，例如假想事故条件下的容器跌落，包容系统损失，地震、龙卷风、龙卷风抛射物、洪水、火灾、爆炸、构筑物掩埋等条件下的容器安全分析进行调研分析研究，确定事故条件下相关问题的安全分析方法。

（5）容器制造技术及容器制造、验证

该研究领域包括球墨铸铁材料、容器密封材料、中子吸收材料、中子屏蔽材料的研究，材料老化研究和容器样机制造等内容，主要解决途径为通过与国内外专业高校和制造单位的合作，例如华北电力大学核科学与工程学院、中国科学院金属研究所、中国原子能科学研究院、西安核设备有限公司、德国 SNT 公司等，通过引进和研究，促进相关材料的国产化，完成容器样机的相关研究和制造。容器的设计工作提前与国家核安全局沟通交流，邀请国家生态环境部核与辐射安全中心、机械科学研究总院集团有限公司等单位作为第三方验证单位，进行第三方验证。

（6）金属干法贮存容器贮存设施总体方案研究

通过调研国外现有的干法贮存容器贮存设施（露天放置或厂房贮存），确定适用于设定厂址条件的贮存设施的总体方案，完成容器装卸、布置、实体保卫等相关工作的研究，给出金属干法贮存容器贮存设施的总体设计方案，为后续提供干法贮存容器的全套技术服务奠定基础。

2. 乏燃料后处理

乏燃料后处理作为核燃料循环后段的关键环节，可以为快堆提供装料，大幅度提高铀资源的利用率；分离出的次锕系元素和裂变产物在快堆或 ADS 中以焚烧和嬗变等方式消耗，有利于实现核废物的处理和处置，达到废物最小化的目标，保障核能的绿色环保、可持续发展。

法国的 UP3、UP2-800 和英国的 THORP 后处理厂代表了当前世界在运商业后处理厂的先进水平。我国部分在运核电站乏燃料堆内贮存容量和时限不同程度接近饱和，且核电规模仍在快速增长，面临着乏燃料贮存的压力。

研究现状：按照工业应用先后划分，后处理技术发展大致可分为 4 个阶段，第一代后处理技术最早采用的是沉淀法，20 世纪 50 年代发展了以 TBP（磷酸三丁酯）为萃取剂的 Purex 流程；早期的 Purex 流程经改进后可用于核电站乏燃料后处理，为目前商业后处理厂普遍采用，称为第二代后处理技术，产品一般是二氧化钚和三氧化铀；第三代和第四代后处理技术目前仍处于研发阶段，处理的乏燃料燃耗进一步提高，除铀、钚外，还可进一步回收次锕系元素和长寿命裂变产物核素以及高释热核素。

3. 核设施退役策略及关键技术、装备

（1）前景预测

截至 2018 年 12 月 31 日，全世界有 173 座核电反应堆已关闭或正在退役。其中 17 座反应堆已完全退役，还有若干座正进入退役最后阶段。已经永久关闭或正在退役的燃料循环设施超过 150 座，还有约 130 座已经退役。已经关闭或正在进行退役的研究堆超过 120 座，有 440 多座研究堆和临界装置已完全退役。成熟技术的部署和研究与发展工作正带来持续改进。全世界已达到或将达到设计寿命的核电机组，大部分选择了延寿，延寿时间一般为 10~20 年。我国最早商业运营的秦山一期核电厂于 1991 年开始运行，2021 年即将达到设计寿命 30 年；大亚湾核电站 2034 年到设计寿命；2040 年后，秦山二期、秦山三期、岭澳、岭澳二期、田湾等核电站陆续到设计寿期。

（2）研究现状

我国商用核电厂退役尚未开始，目前开展的退役主要针对历史遗留核设施，项目实施多借鉴固定资产投资项目以及废物处理项目的管理政策、法规标准。退役领域法规标准体系不健全，亟待开展研究、完善工作。针对核电站退役还没有经验，合理的退役总体方案是安全、经济、高效实施退役的基础。需提前开展核电站退役总体方案、退役中安全事故等研究工作。反应堆压力容器、蒸汽发生器、放化厂的溶解器、蒸发器、强放射性大罐及设备等，需要开展拆除、切割工器具及遥控装置的研究开发；特殊废物，包括放射性废树脂、放射性有机废物、强放射性废物的整备、处理技术、装置需要进行国产化。鉴于秦山一期核电厂延寿20年，2030年前退役任务主要针对遗留核设施退役。在现有人员及组成的基础上，适度发展可满足国内2020—2030年核能规模化发展。若想进入国际市场，应根据实际工作需要确定发展目标。目前研发平台及科研远远不能满足未来2020—2030年退役的需求。

（3）2020—2050年的发展目标和重点任务

发展目标：根据我国核电厂退役以及进入国际核退役市场的需要，2020—2050年，我国应已建立多个退役研发设施，退役标准体系基本完善，已取得系列退役科研成果，基本满足核电厂退役需求，但退役新技术仍在不断研究开发中，科研开发形成良性循环。国内退役领域组织机构健全，能满足国内退役需求，已进入并逐步拓展国外退役市场。

重点任务包括标准体系建立与完善，退役策略、方案及安全研究，退役关键技术研发等。

1）标准体系建立与完善。即核电厂退役国内外法规、标准的调研，国内标准的研究与制定。近期目标：对几个核大国退役法规标准体系进行调研，梳理我国的退役标准体系，确定需要完善的标准，并开展编制工作；2030年阶段目标：完成主要标准的制定；2050年阶段目标：根据退役实际需要，继续完善。

2）退役策略、方案及安全研究。对大型核设施（商业核电厂、商业后处理厂等）退役策略、方案进行研究，为退役提供依据，也可为设施新建方便退役考虑提供依据。近期目标：开展并完成国内外退役调研工作，开展大型核设施退役策略、方案研究，初步完成方便退役的核设施设计研究；2030年阶段目标：

完成现有类型核设施退役的设计研究，完成对大型核设施（商业核电厂、商业后处理厂等）退役方案研究；2050年阶段目标：继续完善研究。

3）退役关键技术研发。核设施退役中三维仿真应用研究，先进的现场放射性测量方法及技术装置，去污、拆除、遥控以及废物处理、整备技术和装置的开发等。近期目标：形成适合退役的三维仿真技术体系，开展先进的现场放射性测量方法及技术装置，去污、拆除、遥控以及废物处理、整备技术和装置的研究；2030年阶段目标：在放射性测量、去污、拆除、遥控以及废物处理、整备等领域，取得研究、开发成果，基本满足核电厂退役需求，进入国际市场；2050年阶段目标：继续研究、开发，满足国内各类大型核设施退役需求，为全面进入国际退役市场提供有力支持。

4. 放射性废物处理

（1）高放射性废液玻璃固化

乏燃料后处理过程中产生的高放废液含有乏燃料中绝大部分的放射性物质，具有放射性浓度高、释热率大和毒性强的特点。玻璃固化是一种在高温下（超过1000℃），将高放废液蒸发、煅烧、与玻璃基材熔制形成稳定的废物玻璃体的技术，是目前世界上工程化处理高放废液的成熟方法。

1）煅烧炉+感应金属熔炉。煅烧炉+感应金属熔炉技术又称为两步法玻璃固化工艺，首先高放废液在煅烧炉中被蒸发、煅烧成氧化物，然后与玻璃一起加入感应金属熔炉中，熔炉感应线圈产生的感应电流在熔炉壁上产生热量，这一热量用来将氧化物和基础玻璃熔融为废物玻璃。

法国是最早研究开发煅烧炉+感应金属熔炉技术且最早实现工业化应用的国家，从20世纪50年代开始相关研究工作。作为世界上首个玻璃固化厂，马库尔AVM设施于1978年投入运行，2012年停止运行。阿格（La Hague）的R7和T7玻璃固化设施分别于1989年和1992年运行至今。据AREVA公司的统计，截至2012年年底，采用两步法技术（煅烧炉+感应金属熔炉/冷坩埚）处理高放废液的放射性占世界上已处理高放废液总放射性的97%以上。

英国也是较早开发研究玻璃固化技术的国家之一，但在20世纪80年代初，从法国引进玻璃固化装置，并在塞拉菲尔德建立温茨凯尔玻璃固化厂（称为WVP或AVW），于1991年投入热运行至今。

2）陶瓷电熔炉。陶瓷电熔炉源于传统玻璃制作工艺。熔炉电极在熔融玻璃中的电流产生焦耳热，这一热量使得高放废液在熔炉内经过蒸发、煅烧，产生的废物氧化物最终与基础玻璃熔融形成废物玻璃。由于废液直接加入熔炉，因此又被称为一步法玻璃固化工艺。

美国在 20 世纪 60 年代首次提出液体进料陶瓷电熔炉技术的建议。西谷示范工程（WVDP）于 1996—2002 年运行。1996 年萨凡纳河基地国防废物处理项目（DWPF）投入运行至今。美国目前在汉福特基建设 WTP 玻璃固化厂，采用陶瓷电熔炉技术处理基地贮存的高放废液。

德国在 20 世纪 70 年代开始研究陶瓷电熔炉技术。比利时 PAMELA 玻璃固化厂采用陶瓷电熔炉技术，于 1985—1991 年运行。德国 VEK 玻璃固化厂于 2009—2010 年投入运行，成功处理了 56 m^3 的高浓浓缩废液，随后进入退役阶段。

日本六所村玻璃固化厂和俄罗斯马雅克玻璃固化厂也都采用自行正发的陶瓷电熔炉技术。

3）煅烧炉+冷坩埚。法国开展冷坩埚研究已有 20 多年历史，并取得了重大进展。冷坩埚（CCM）技术采用高频感应器加热埚内物料，埚壁用水冷却并形成一层“冷冻”的玻璃层，使熔融玻璃不与埚壁直接接触，减少了熔融玻璃对埚壁的腐蚀，增加了冷坩埚的寿命。冷坩埚可以达到较高温度，处理废物的适应范围更宽，可以是固体进料，也可废液直接进入坩埚。

目前法国阿格厂已经将煅烧炉+金属熔融罐生产线均改造为煅烧炉+冷坩埚生产线，即用冷坩埚替换金属熔融罐，用于处理退役废液。2010 年开始，该生产线投入热运行，并计划将来处理后处理产生的高放废液。

总体而言，玻璃固化技术掌握在少数国家手中，并且在工业应用中遇到不少实际问题，从而得到不断改进发展。当前，玻璃固化技术总的发展方向为增加废物包容率、扩大废物处理范围、提高设施的利用率和安全性。发达国家在玻璃配方研制、设施全比例台架验证方面投入了大量资金，并且充分发挥科研单位与工程企业合作的力量。

（2）低中放废液水泥固化

低中放废液经减容处理后（例如蒸发）要进行固化处理，转变为稳定的固化体，以满足运输、贮存和处置的要求。

水泥固化技术是国际上最常用的固化低中水平放射性废液的技术，即将水泥灰和放射性废液混合在一起形成水泥固化体，通常为了改善固化体性能，在混合时还要加入添加剂。目前有桶内水泥固化和桶外水泥固化两种技术。

桶内水泥固化就是在废物桶（例如200 L桶）内加入废液、水泥灰、添加剂，搅拌混合后形成水泥固化体。

桶外水泥固化就是在混合器中加入废液、水泥灰、添加剂，搅拌混合后卸料入废物桶（例如200 L桶）内，形成水泥固化体。

水泥固化技术广泛应用在核电站、后处理厂等各种核设施中固化低中放废液。国际上目前主要进行水泥固化配方的改进、固化装置的改进工作，以提高固化体的性能和改善装置的可用率和安全性。

（3）低放废水深度净化

传统的放射性废液处理方法是蒸发和离子交换技术。蒸发技术是一种将放射性废液蒸发减容的方法，蒸发产生浓缩液集中了大多数的放射性物质，再进行固化处理；而蒸发产生的二次蒸汽冷凝液可根据放射性水平和环境排放标准直接排放，或者进行离子交换处理后再进行排放。但蒸发技术耗能大，离子交换技术带来了难以处理的放射性废树脂。

膜技术的兴起为放射性废液的处理提供了新的选择。超滤技术难以去除溶解性的核素离子，但是可以通过与絮凝相结合，去除水中存在的细微悬浮物、胶体物质以及部分大分子有机物，由此去除被胶体或颗粒物夹带，或者与大分子有机物形成络合物的核素离子。美国的一些研究者利用超滤技术可以有效去除水中胶体态的钴，去除效率达到90%；通过向水中添加大分子络合剂，可以去除部分锕系元素。反渗透、纳滤技术可以去除离子态的核素离子，但是对进水水质有较高的要求。通常情况下，往往是根据低放废液的水质特征，设计与应用具有针对性的膜集成系统。目前美国、加拿大等国家的一些核设施采用了膜集成系统处理反应堆回路冷却水、地面冲洗水、蒸汽发生器化学清洗废水、蒸汽发生器化学去污废液、实验室产生的废液等。

连续电除盐（CEDI）技术是一种新兴的膜技术，它保留了电渗析可连续脱盐及离子交换树脂可深度脱盐的优点，又克服了电渗析浓差极化所造成的不良影响及离子交换树脂需用酸、碱再生的麻烦和造成的环境污染，占地面积小，理论上无废树脂产生，出水水质更优于反渗透，但是对进水水质的要求也更甚于反渗透。利用反渗透与 CEDI 技术联用，可以实现低放废液极低浓度排放乃至回用。

膜技术作为一深度净化的放射性废水处理技术，发展目标是节能、降耗和减排。

（4）固体废物整备

在核设施的运行中，会产生各种固体废物，例如废过滤器芯、废树脂、损坏设备部件等，在后处理厂还会产生废包壳、废端头等。这些固体废物必须进行整备，以方便后续的运输、贮存和处置。针对固体废物的特性，国际上有如下几种整备技术。

1）水泥固定。水泥固定是最常用的固体废物整备技术，就是使用水泥将固体废物固定封装在包装容器中。此技术广泛运用在核设施中，技术成熟，但废物体积增容较大。

2）湿法氧化。湿法氧化处理是将废树脂与过氧化氢在反应器中进行氧化反应（加触媒）。废树脂氧化分解，残留物蒸发浓缩后使水泥固化。

3）压缩。压缩技术通常和水泥固定结合在一起进行废物整备。压缩处理是通过机械压缩方法将废物减容形成压缩饼，然后进行水泥固定。此技术适用于废包壳、废过滤器芯等可压缩固体废物。

4）焚烧。对可燃固体废物通常采用焚烧方法处理，产生的焚烧灰进行水泥固定。但在美国由于环境排放问题，很少建设焚烧装置处理放射性可燃固体废物，而是采用蒸汽重整技术。

5）直接装入高整体容器中。高整体容器主要是由美国开发的，在容器中直接装入废树脂和废过滤器芯，无需固定处理。

（5）废物处置

1）研究现状。我国目前在中等深度处置方面开展的工作较少，不少关键问题一直未得到解决，进展缓慢。近年来，我国需进行中等深度处置的废物逐渐增多，安全风险和废物处置压力大大增大，尤其是我国早期军工核设施多年积累的长寿命较高水平放射性废物亟待安全处置，需要在前期高放废物地质处置研究基础上，开展中等深度处置前期研究工作，迅速解决工程技术方面的瓶颈问题，为尽快建成中等深度处置库提供重要技术支撑。

2006年初，国防科学技术工业委员会、科学技术部和环境保护部联合发布的《高放废物地质处置研究开发规划指南》明确提出了2020年建成我国高放废物地质处置地下实验室、完成处置库的概念设计和21世纪中叶建成高放废物地质处置库的目标。目前，我国高放废物地质处置库设计工作尚处于概念设计初级阶段，主要由中国核电工程有限公司承担这部分研究工作，包括高放废物地下实验室概念设计和地质处置库地下主体结构构想。

随着我国核工业的发展，目前已累积产生了相当数量的“特殊情况的废物”，在未来较短时间内（10年左右）建成我国中等深度处置库已经成为急迫的现实问题。

2）2020—2050年的发展目标和重点任务。

① 放射性废物中等深度处置。以建成我国放射性废物中等深度处置库为最终目标，按照2025年完成我国中等深度处置库的建设并具备运行条件这一工程需求来考虑本领域技术发展重点任务。

2020—2050年本技术领域重点工作任务如下。

a. 掌握中等深度处置废物类型、数量及物理化学特性，提出中等深度处置总体战略规划和概念设计方案，筛选出处置库候选场址。在完成规划研究后，具备编制中等深度处置库工程项目初步可行性研究报告主要内容（含工程项目建议书）的基本条件。

b. 提出我国中等深度处置库推荐场址，提出处置库工程设计总体参考方案，完成初步安全性评价。在完成工程应用研究后，具备编制中等深度处置库工程项目可行性研究报告主要内容（含安全分析、环境评价、项目申请报告）的基本条件。

c. 建成并运行我国首座放射性废物中等深度处置库。

② 高放射性废物地质处置（矿山式处置）。根据我国《高放废物地质处置研究开发规划指南》《核电中长期发展规划（2005—2020年）》《高放废物地质处置总体规划》等规划文件，本领域总体发展目标为：21世纪中叶建成高放地质处置库。

本技术领域在2020—2050年需要主要完成如下重点任务。

a. 开展我国高放废物地质处置库工程关键技术研究，包括处置库设计准则与标准研究、工程屏障系统设计关键技术研究、处置工艺系统与处置库总体布置方案关键技术研究、处置库开挖施工工艺关键技术研究、废物可回取条件下处置库废物回取工艺流程设计与关键技术研究、高放废物矿山式处置库工程设计方案性能评价与分析、处置库工程经济分析研究等，为完成我国高放废物地质处置库概念设计、工程设计，地下实验室工程设计、建设和试验开展及未来高放废物地质处置库工程建设提供技术支撑。

b. 完成我国高放废物地质处置（矿山式处置）库选址及场址评价工作。

c. 建成并运行我国首座废物地质处置（矿山式处置）库。

③ 高放射性废物地质处置（深钻孔处置）。本领域总体发展目标为：21世纪中叶实现高放废物深钻孔处置。

本技术领域在2020—2050年需要主要完成如下重点任务。

a. 开展高放废物深钻孔处置工程技术与经济可行性研究。

b. 开展高放废物深钻孔处置关键技术研究。

c. 全面开展高放废物深钻孔处置研发与示范工程。

d. 实现高放废物深钻孔处置的建设工程。

2.6　核能关键技术的研发体系

我国核工业一路走过来，坚持创新驱动战略，不断推动产品转型升级，成功实现了在引进、消化吸收基础上进行自主研发再创新的技术发展路线。而新时期核工业的安全创新发展，要从核大国走向核强国，必须更多依靠原始创新和集成创新。这就需要用系统的思维和策划，去系统布局和开展我国核能技术的自主创新。

1. 注重自主创新和集成创新，以先进核电型号研发带动核能产业发展

建议国家进一步加强我国核能发展的顶层设计和统筹协调，用战略牵引型号，用体系梳理技术，用规划带动研发，通过小核心、大合作，加强系统性的核能技术创新，提升我国作为核强国的核心能力，逐步抢占世界核能技术发展

制高点，也为世界核能发展做出应有贡献。

2. 加强基础研究，包括高精尖的特种材料研究

必须认识到基础研究在驱动核能行业发展进程中的重要战略意义以及重大作用和地位，切实遵循基础研究发展规律，加大对基础研究的投入，优化配置基础研究资源，加强创新人才培养，蓄积创新型国家建设的人才资源，营造有利于自主创新的良好环境，大力促进国际合作与交流，加强体制和机制的创新以及多中心协作创新。

3. 系统布局，建立完善核能科技创新体系

在我国科技体制改革及新一轮科技平台建设中，应充分吸收国外国家实验室的成功经验，注重前沿性、先导性、基础性、原创性，按照国家统一管理、经费持续保证、设施高效运行、学科全面发展、人才充分交流、项目有序开展的思路，做好核能科技建设和管理。

建议依托我国现有的核科研机构，组建实体性的核领域国家实验室；要统筹布局国家实验室与国家科学中心、科技创新中心、国家重点实验室等科技平台，建立大型工程试验室，夯实我国创新基础平台，促进创新驱动战略实施；建立企业级创新研发平台，包括核电装备的生产工艺和产品制造创新。

第3章　快中子堆及第四代堆技术

以快中子反应堆为代表的第四代反应堆技术，是继目前压水堆技术之后未来核能发展的方向，是解决我国裂变核能的可持续性的解决途径。所谓第四代核电，也称为先进核燃料循环系统，除了核电站本身外，还包括燃料制造、后处理、放射性废物处理处置等全产业环节。

第四代堆系统的目标是在21世纪后半段实现应用，以解决核能的可持续问题。钠冷快堆是目前第四代堆中技术成熟度最高、最接近商用的堆型，也是世界主要核大国继压水堆之后的发展重点，是2050年之后核电的支柱技术。我国的高温气冷堆技术世界领先，是核能多用途的重要方式之一。其他第四代堆技术尚处于研发阶段，在某些技术上具有优势，但也存在着一定的工程难度。

我国未来的核能系统应坚持以钠冷快堆为主，进一步提高核电装机容量，实现裂变核能的可持续性。同时其他堆型依据其技术成熟度分阶段研发，作为核能多用途的有效补充。

3.1　核能应用技术概述

3.1.1　核能应用技术水平现状分析

1. 核能应用现状调查

随着我国国民经济持续发展和人民生活水平的不断提高，能源储备、能源需求、能源结构和能源安全的问题日渐凸显，同时还面临着环保与温室气体减排的巨大压力。在各种能源解决方案中，核能作为安全、清洁能源，其作用和地位正在不断得到重视和提高。

截至2019年年底，世界核能电力供应约占总发电量的10%，有16个国家的核电在国家电力生产中的比例超过20%，其中法国高达71%；而我国大陆地区核电发电量仅占全国总发电量的4.94%左右，远低于世界平均水平。

除了电力应用之外，核能在制氢、海水淡化、核动力应用、低温供热等方面具有广泛的用途。但目前以及今后相当长的一段时期内，核能的利用仍主要集中在电力应用。

我国至今没有发生过IAEA国际核事件分级表中2级或2级以上的运行事件。与WANO核电厂运行安全与业绩指标对照，我国核电机组总体处于中等偏上水平，有些同类机组部分运行指标处于世界前列。截至2018年年底，我国在建核电机组13台，约占世界在建核电机组总量的24%，已经形成了秦山、大亚湾、田湾等大型核电基地。2012年国务院常务会议，再次讨论并通过了《核电安全规划（2011—2020年）》和《核电中长期发展规划（2011—2020年）》。

2. 核能应用技术重点方向分析

人类的工业化活动不可避免地会产生废物，核能的利用也属于其中。核电在向人类提供大量能源的同时也给社会和环境带来了许多问题。其中最受公众关注、最迫切的问题是如何处置核电站产生的大量高放废物，特别是如何处置长寿命高放废物（Long-lived High Level Wastes，LHLW）。这已经成为许多国家继续发展核能的制约因素。废物的最小化和安全管理也是第四代核能技术的重要特征之一。高放废物问题的解决必须基于先进燃料循环策略，并通过先进核能系统来实现。

国际上对燃料循环模式，特别是考虑了分离-嬗变要求的燃料循环模式进行了大量的研究。简单地说，先进的燃料循环系统是基于快堆系统与后处理的燃料循环，在保证核能持续的电力供应同时，实现放射性废物的有效管理和最小化。但由于不同国家的核电发展情况不同，具体的燃料循环方式有所不同，比较有代表性是欧洲核能协会（NEA）在2006年报告中建议的4种燃料循环模式。

NEA建议的核燃料循环模式一如图3-1所示，该模式对于后处理与快堆同步发展、压水堆与快堆匹配发展的国家最为有利。该模式的系统环节相对少，各环节的技术路线衔接较好，是可实现废物最少化的可持续发展模式。

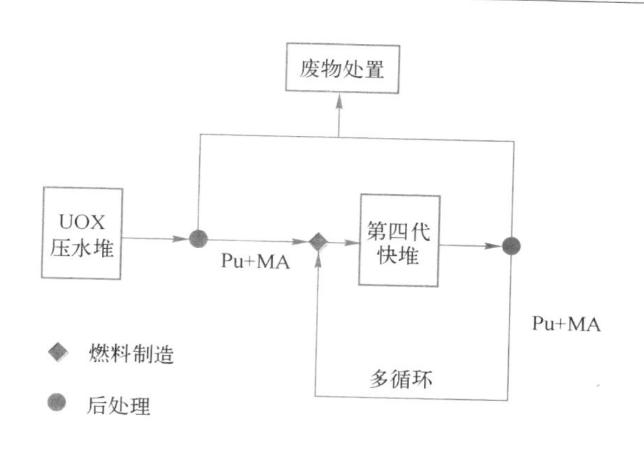

• 在快堆内可对超铀元素进行多循环（不论任何类型的冷却剂和燃料：氧化物、金属、碳化物和氮化物）

• 燃料内含 2%~5% 的次锕系元素：接近标准燃料的水平

• 例如在燃料制造领域内，由于 ^{244}Cm 自发裂变等对燃料循环产生的影响

• 采取钚与MA不分离的后处理策略（提高防扩散性）

图 3-1　NEA 建议的燃料循环模式一

NEA 建议的核燃料循环模式二如图 3-2 所示，该模式适合压水堆发展规模已较大、运行堆年已较多、压水堆乏燃料积累量多的国家。这种模式的特征是在压水堆中进行钚的循环，采用专用嬗变系统中进行钚和 MA 的循环。原则上这种模式要求压水堆乏燃料后处理、专用嬗变装置、专用嬗变装置的乏燃料后处理设施同步建设。这种模式对应的核电情景以压水堆为主，并采用少量的嬗变装置进行嬗变，因而铀资源利用率有限，且需要设计专用嬗变装置以及开发相应的燃料制造和后处理工艺。

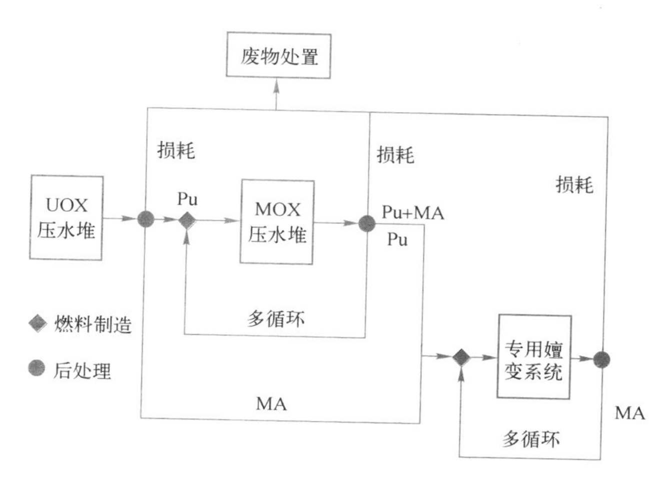

• 钚积累量比较稳定

• 专用嬗变系统内MA管理：低转换比（约0.25）临界反应堆，或含无铀燃料的ADS

• 新燃料（更高MA含量）；采用惰性基体的无铀燃料；新制造工艺

• 新后处理工艺的研发，尤其在无铀燃料内；涉及燃料基体的选项；采用水法或者干法待探讨

• 专用嬗变系统与核电装机容量之比大约为6%

图 3-2　NEA 建议的燃料循环模式二

NEA 建议的核燃料循环模式三如图 3-3 所示，该模式也是适合压水堆发展规模已较大、运行堆年已较多、压水堆乏燃料积累量多，且已有压水堆乏燃料后处理设施的国家。该模式与模式二的不同点在于，在压水堆中除进行钚的循环外，还进行 Am 和 Np 的循环，对 Cm 的同位素进行中间贮存，因此在后处理压水堆乏燃料时，需要同时分离钚和 MA。该模式明显有分阶段的特征，采用已有的压水堆乏燃料后处理设施进行 MA 分离，并利用现有压水堆进行部分 MA 嬗变，把利用快堆同时进行 MA 和钚循环往后延，作为第二阶段来实施。这种模式的主要问题是采用压水堆进行 MA 嬗变的工程技术可行性、嬗变的效果如何，以及 MA 和钚的中间贮存问题。该模式中将涉及超过 50%的核电机组需要进行技术更新。

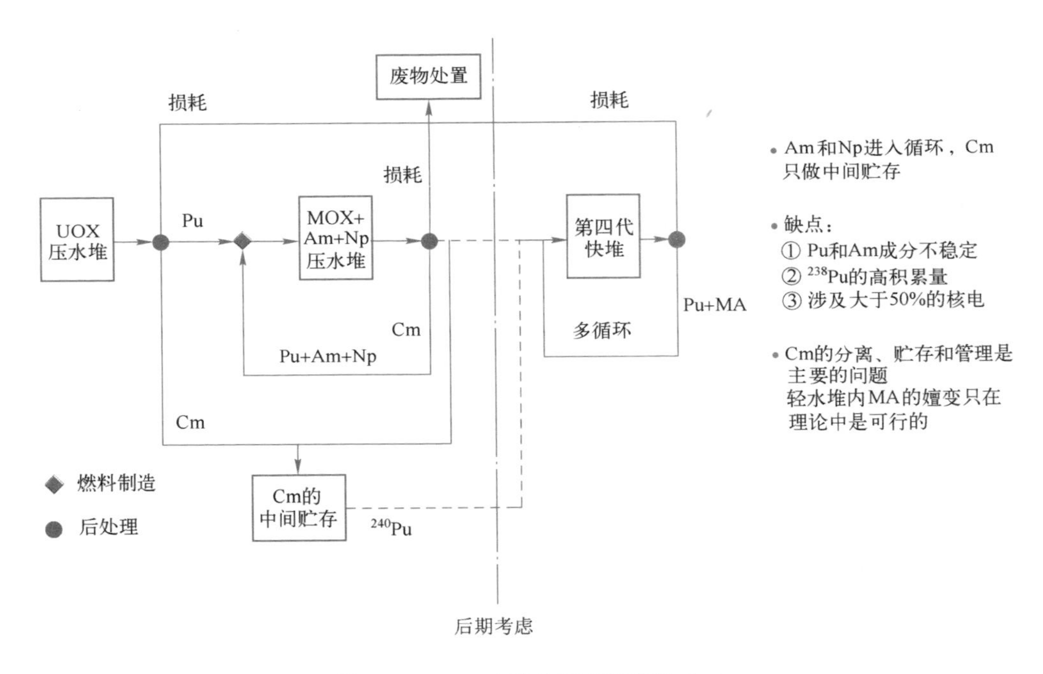

图 3-3 NEA 建议的燃料循环模式三

NEA 建议的核燃料循环模式四如图 3-4 所示，该模式适合压水堆核电规模不大、乏燃料积累量不多、不准备发展快堆的国家。通过后处理分离出钚和 MA，然后在如 ADS 之类的专用装置中多次循环，减少系统中超铀的总量，分离出的回收铀也不再利用。这种模式基本不考虑铀资源的充分利用，且较适合核能发展规模逐渐缩小的情况。

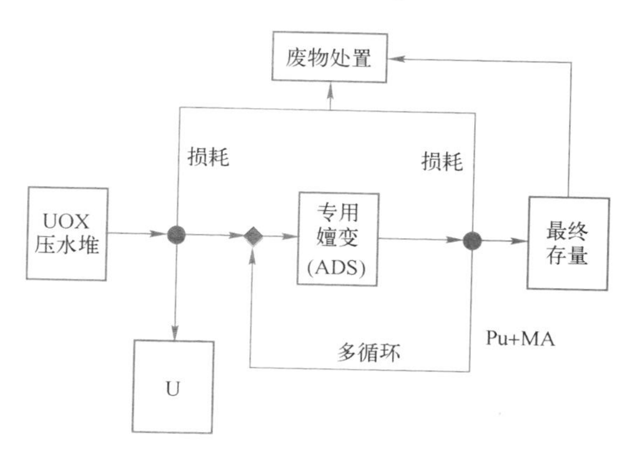

图 3-4　NEA 建议的燃料循环模式四

3.1.2　核能应用政策比较分析

1. 美国燃料循环策略

美国为了防扩散，自 20 世纪七八十年代以来一直采取“一次通过”的燃料循环方式。美国核电规模大、运行堆年多，截至 2006 年，热堆核电站乏燃料累计有 63000 t。长期的军工科研生产也产生了大量放射性废物，其中高放废物玻璃固化体有 4667 t，另外属于海军部门的反应堆也产生了乏燃料 2333 t。为此，美国在 20 世纪 90 年代就开始设计、建造尤卡山地质处置库，设计容量为 70000 t。2010 年 3 月，尤卡山处置库的许可申请被撤销，至今未获得投入使用的许可，该计划目前处于停止状态。

美国于 2006 年 2 月曾提出 GNEP（Global Nuclear Energy Partnership）倡议。该倡议否定了卡特政府的核燃料“一次通过”的核能政策，恢复包括后处理和快堆在内的核燃料闭式循环技术路线。希望通过实施 GNEP 计划，使需要地质处置的高放废物体积降低至原体积的 1/50 左右，从而使美国在 21 世纪只需一座地质处置库。随后美国提出了 2020 年建成 2500 t/年后处理厂和示范嬗变快堆的建议计划。

美国在 2005 年制订了 AFCI（Advanced Fuel Cycle Initiative）计划。其主要目标是减少核废物的环境负担、改进燃料循环的防扩散功能、提高核燃料资源的利用率。AFCI 计划分成一次通过、先进热堆循环和锕系元素循环等几个阶段，在先进热堆循环阶段以嬗变为主要目的，在锕系元素循环阶段同时考虑嬗变和增殖。这种策略符合美国目前已经积累了大量乏燃料的现状，可达到未来依靠快堆及燃料循环实现核能可持续发展的战略目标。从 AFCI 计划的路线图可以看出，美国的燃料循环模式类似于 NEA 提出的燃料循环模式三。

美国一些咨询机构的研究结果仍然认为当前采用一次通过燃料循环方式是合适的。麻省理工学院在《核燃料循环的未来》这一报告中，给出的主要结论是“今后 50 年内满足这些挑战的最佳选择是开放式的一次通过循环燃料系统”。

2. 俄罗斯燃料循环策略

俄罗斯一直坚持走基于快堆的闭式燃料循环路线，并制订了相应的快堆及其燃料循环发展计划，提出了分别基于 BN800 和 BN-C 系列快堆的燃料循环方案。

俄罗斯的燃料循环策略类似于 NEA 提出的燃料循环模式一，2020 年第四代快堆开始规模发展，至 2030 年形成能力，实现环境友好型核能的可持续性发展。

2020 年，俄罗斯已经开始了同一厂址的氮化物燃料制造厂 BREST-OD-300 的后处理设施的建设，旨在进行一体化燃料循环的工业示范验证。

3. 法国燃料循环策略

法国是核电比例最高的国家。法国选择闭式燃料循环策略。在发展燃料循环技术的国家中，法国的后处理技术和快堆技术都相对成熟、先进。法国政府的政策声明中曾多次阐述法国燃料循环政策。

在 2010 年国际会议上，法国代表介绍了核电站反应堆和燃料循环发展路线图，或称为法国核能发展远景。法国总统希拉克 2006 年宣布法国将在 2020 年建成示范快堆，2040 年实现第四代核能系统应用。为此，在 1990 年建成的 1000 t/年轻水堆后处理厂的基础上，规划建设新的 MOX 燃料和氧化铀燃料的先进后处理厂。2019 年法国原子能与替代能源委员会（CEA）宣布暂停开发先进钠冷科技工业示范堆（ASTRID）项目。ASTRID 原设计方案电功率为 600 MW，为减少投资，后续可能会朝着降低功率的方向继续推进。

法国的燃料循环策略类似于 NEA 提出的燃料循环模式二。

4. 英国燃料循环策略

在 2011 年初，英国工程和自然科学研究委员会（EPSRC）、能源技术研究所（ETI）、核退役局（NDA）、英国国家核实验室（NNL）及能源研究合作伙伴（EPR）组成了一个联盟，共同研究英国核裂变能发展路线图。2012 年 2 月发布《核裂变能技术路线图：初步报告》，提出了未来可部署的核裂变能技术路线。

该报告认为，在 2050 年之前，核电在安全、低碳的能源系统中起着重要作用。英国迫切需要制定一个长期的战略方针，确保核燃料的安全供应、核废物有效管理等。该报告重点分析了两种情景，2025 年发展到 16 GW 的替代性情景和 2050 年发展到 40 GW 的扩展情景，对比分析这两种情景的目的是研究开式循环和闭式燃料循环的技术和研发需求，以及研发设施、基础设施、人力资源等要求之间的差异。报告中提出的反应堆和燃料循环发展策略见表 3-1。报告提出的英国燃料循环策略类似于 NEA 提出的燃料循环模式二。

表 3-1　反应堆和燃料循环发展策略

情　景	核电装机容量	燃料循环	反应堆与循环路线
替代性情景	到 2025 年，装机容量达 16 GW	开式循环	第三代反应堆 ——历史遗留的钚在第三代反应堆中再循环
扩展情景	到 2025 年，装机容量达 16 GW 到 2050 年，装机容量扩展到 40 GW	闭式循环	第三代反应堆和第四代快堆（估计部署商用快堆的最早时间为 2040 年） ——历史遗留的钚在第三代反应堆中再循环 ——第三代反应堆产生的乏燃料经后处理后在快堆中再循环

5. 日本燃料循环策略

日本核电在能源结构中占有相当高的比例，在 2011 年日本福岛核事故前，日本一直坚持闭式燃料循环路线。日本已有压水堆乏燃料后处理厂，且部分压水堆乏燃料运到国外处理，日本有相当多的工业钚库存，部分工业钚想做成 MOX 燃料，放在热堆核电站中使用。关于 MA 的嬗变，日本一直选择在快堆中实施，从其快堆及其燃料循环发展路线图也大概可看出采用 MA 和钚一起循环的策略。

日本的燃料循环策略类似于 NEA 提出的燃料循环模式二，但因在热堆中循环利用钚未有效实施，实际上其燃料循环策略已变成类似于 NEA 提出的燃料循环模式一。

6. 印度燃料循环策略

印度一直坚持发展闭式燃料循环技术。由于印度的铀资源较少，而钍资源比较丰富，故提出了铀钚循环和钍铀循环相结合的燃料循环策略。在第一阶段发展铀钚燃料循环系统。

印度的核电发展情景中，2052 年核电装机容量目标为 275 GW_e，热堆仅占较小一部分，其他都是快堆。这种情景必须基于增殖快堆及其燃料循环系统。印度对快堆乏燃料后处理开展了大量研发工作，并为其实验快堆（FBTR）和即将建成的原型快堆核电站配套建设快堆乏燃料后处理设施。印度 2007 年开始建设实验快堆乏燃料后处理中间试验厂，2012 年开始建设原型快堆核电站乏燃料后处理厂。印度更关注核燃料的增殖，认为 MA 的嬗变不紧迫，从实施策略上倾向于 MA 和钚一起循环。

印度的燃料循环策略类似于 NEA 提出的燃料循环模式一。

7. 韩国燃料循环策略

韩国积极发展核电和燃料循环技术。韩国在发展燃料循环技术方面，受到一定的外部条件限制。韩国之前开发 DUPIC 流程（干法），研究压水堆乏燃料元件采用 DUPIC 流程处理后用于重水堆核电站，目前该流程的开发工作基本停滞和放弃。韩国作为 GIF 的参加国，提出了金属燃料快堆的研发计划，与美国合作开展金属燃料、干法后处理、钠冷快堆等研发。韩国发展快堆及其燃料循环的主要目的是 MA 嬗变，以及钚的循环利用，倾向于采用超铀整体循环策略。韩国的燃料循环策略类似于 NEA 提出的燃料循环模式一。

8. 我国燃料循环策略建议

我国的压水堆规模化发展刚刚起步，快堆以及后处理技术示范工程已经起步，属于后处理与快堆同步发展、压水堆与快堆匹配发展的国家，因此采用 NEA 提出的模式一是最为有利的。即现阶段大规模发展压水堆以提高核电装机水平，同步发展快堆及其后处理技术，通过快堆的增殖实现核电的可持续性，通过快堆一体化循环嬗变技术实现核电发展中的放射性废物最小化。

3.2 核能技术演进路线

3.2.1 核能应用技术发展历史

早在1983年6月，我国国务院科技领导小组主持召开专家论证会，就提出了中国核能发展“三步（压水堆—快堆—聚变堆）走”，以及“坚持核燃料闭式循环”的战略。从核能所使用的资源角度，所谓的核能发展“三步走”，即：

第一步，发展以压水堆为代表的热堆，利用铀资源中0.7%的^{235}U，解决“百年”的核能发展问题。

第二步，发展以快堆为代表的增殖与嬗变堆，利用铀资源中99.3%的^{238}U，解决“千年”的核能发展问题。

第三步，发展聚变堆技术，解决“长期”的能源问题。

从技术和制造能力来讲，目前我国的热堆发展已进入大规模应用阶段，可满足当前和今后一段时期核电发展的基本需要；快堆目前处于技术储备和前期工业示范阶段。

此外，根据核电站本身的技术发展，国际上普遍认可四代核能技术的划分。

国际上把20世纪50年代建设的实验性核电厂和原型核电机组称为第一代核电机组。20世纪60年代后期，在试验性和原型核电机组基础上，陆续建成电功率在300 MW以上的压水堆、沸水堆、重水堆等核电机组，它们在进一步证明核能发电技术可行性的同时，核电的经济性也得以证明，即核电可与火电、水电相竞争。

20世纪七八十年代，因石油涨价引发的能源危机促进了核电的发展，目前世界上商业运行的400多台核电机组绝大部分是这段时期建成的，它们称为第二代核电机组，其中压水堆（PWR、VVER）和沸水堆（BWR）占了大部分。

美国电力研究院于20世纪90年代出台了“先进轻水堆用户要求”文件，

即 URD 文件，用一系列定量指标来规范核电厂的安全性和经济性。随后，欧洲出台的用户对轻水堆核电厂的要求，即 EUR 文件，也表达了与 URD 文件相同或近似的看法。国际原子能机构也对其推荐的核安全法规（NUSS 系列）进行了修订补充，进一步明确了防范与缓解严重事故、提高安全可靠性和改善人因工程等方面的要求。国际上通常把满足 URD 文件或 EUR 文件的核电机组称为第三代核电机组。第三代是在第二代技术的基础上进行的改进，包括 ABWR、SYSTEM80+、AP600、AP1000、EPR 等设计型号。

为了从更长远的核能可持续发展着想，以美国为首的一些工业发达国家联合起来成立了第四代国际核能系统论坛，约定共同推动第四代核能系统的研究和开发。第四代先进核能系统概念是 2000 年首先由美国提出，2001 年得到众多核能国家的认可。第四代先进核能系统指的是核能系统，而不仅仅指反应堆。对于反应堆，提出了 6 种候选堆型，包括钠冷快堆、气冷快堆、铅冷快堆、超高温气冷堆、熔盐堆和超临界水堆。第四代核电技术是指目前正在研发、预计在 2030 年左右投入商用的新一代核电技术，要求其在安全性、经济性、废物最小化和防止核扩散等方面有明显的改进。

核电发展示意图如图 3-5 所示。

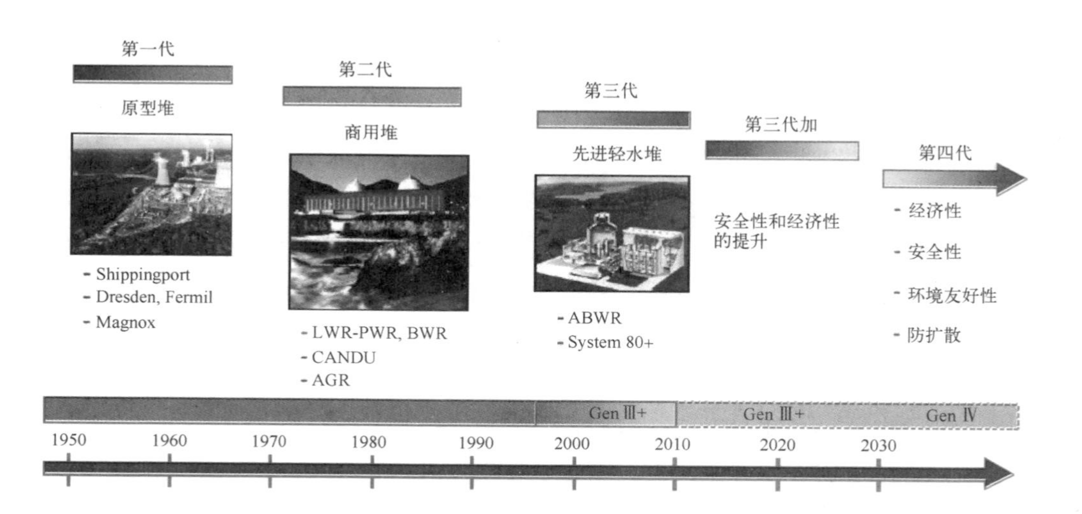

图 3-5　核电发展示意图

3.2.2　核能应用发展趋势

目前我国的核电全部采用以压水堆为主的热堆。可以预计，到 2030 年或更长一段时期，全球核能发电仍然普遍采用热堆技术，压水堆仍将占据主流堆型。虽然我国以压水堆作为现阶段的主要堆型，但是由于我国的铀资源不是很丰富，要达到世界核电平均比例的装机容量，铀资源的需求量是十分巨大的。如果我国压水堆发展到 200GW_e的规模并保持到机组退役（60 年），则我国累计需要约 200 万 t 天然铀，并积累大量的贫铀资源。

表 3-2 给出了 2016 年 OECD 世界铀资源红皮书的数据，我国的核电发展将消耗世界经济开采铀资源的 1/3。世界铀资源的形势说明核燃料增殖的重要性，尤其在我国核能加快发展、减少碳排放的情况下，开展压水堆-快堆匹配，加快核燃料增殖，满足国家核能发展的需要，这也是第四代核电技术发展的重要目标之一。

表 3-2　2015 年确认的全球铀资源

资源分类	储量/万 t
合理假定的资源	
<130 美元/kgU	345.84
<260 美元/kgU	438.64
推断的资源	
<130 美元/kgU	226.01
<260 美元/kgU	325.51
总计（确认的资源）	
<130 美元/kgU	571.84
<260 美元/kgU	764.16

第四代核电的提出是与时代对能源的需求相对应的，20 世纪末的能源发展预期研究预测在 21 世纪将会出现铀资源的短缺情况，2000 年 1 月，在美国能源部的倡议下，美国、英国、瑞士、韩国、南非、日本、法国、加拿大、巴西、阿根廷 10 国及欧洲原子能共同体联合创建了“第四代国际核能论坛（GIF）”，并于 2001 年 7 月签署合约，约定共同合作研究开发第四代核能系统，其最初目标是在 21 世纪的后半段实现第四代核能系统（包括反应堆和相关的燃料循环设施）。

GIF 有关第四代核能的目标包括 4 个方面的内容：可持续性（铀资源利用与废物管理）、安全与可靠性、经济性、防扩散与实体保护。

可持续性（铀资源利用与废物管理）：每座百万 kW 级的核电厂 60 年寿期内要消耗约 1 万 t 天然铀资源，对铀资源的利用率不到 1%。基于增殖快堆及其燃料循环系统，可有效提高资源利用率。图 3-6 给出了不同增殖比的快堆铀资源利用率与燃料循环次数的变化曲线。由曲线可知，在快堆及其燃料循环系统中，经过十几次循环，铀资源利率可达到 60%。废物管理是核能发展面临的重大挑战。一次通过式燃料循环中，乏燃料直接地质处置，长期环境风险大。先进燃料循环将乏燃料中的长寿命锕系核素、钚以及长寿命的裂变产物等分离回收，通过嬗变装置转变成短半衰期的核素，将高放废物放射性危害降低到天然铀矿水平的时间由百万年缩短到千年以内（锕系核素全部回收循环）。如图 3-7 所示。

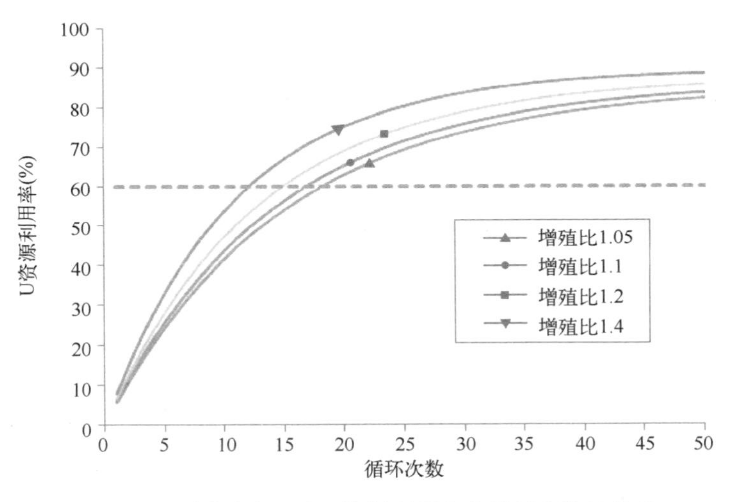

图 3-6　不同增殖比下 U 资源利用率和循环次数的关系

（堆芯燃耗为 7.5%；分离回收率为 99%）

安全与可靠性：核电站的事故概率很小，但一旦发生严重事故后果可能很严重，对环境、社会的影响很大。人类历史上已经发生过三哩岛、切尔诺贝利、福岛三起严重核事故。而先进燃料循环系统中的核电站，不仅要求在事故概率上进一步降低，而且从技术上实际消除大量放射性物质释放，即发生最大假想

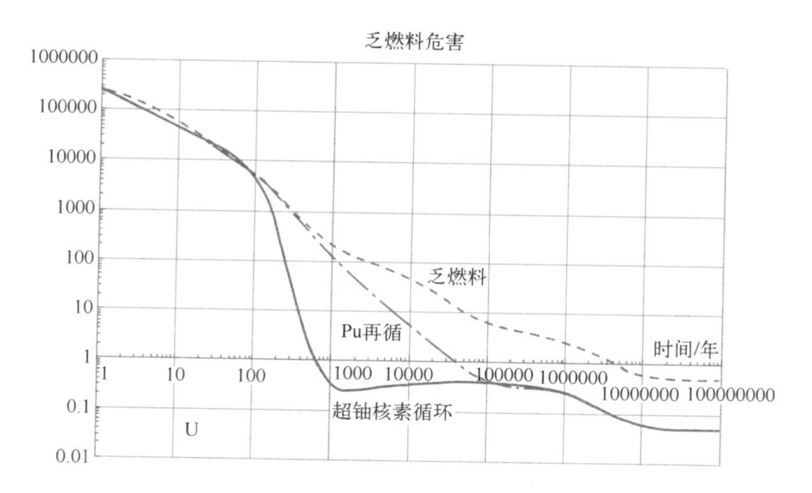

图3-7　三种燃料循环方式下的乏燃料危害

注：纵坐标为相对值，"1"代表天然铀的放射性水平。

事故情况下，其放射性后果也是非常小的，不需要场外应急措施。

经济性：先进的燃料循环系统，在经济性上与常规能源相比要具有一定的竞争力，这里所说的经济性，不仅仅是核电站本身，还要考虑从铀矿开采一直到最终放射性废物处置的整个燃料循环体系。同时经济性也不仅仅局限于电价方面，还涉及国家能源战略安全，以及CO_2减排、产业带动等社会经济利益方面。

防扩散与实体保护：防扩散性涉及政治、技术等众多方面，先进燃料循环从技术上能够实现更好的防扩散性。

推荐的这6种堆型及ADS有着各自的特点，发挥的作用也不完全相同，技术成熟度也存在着明显的差异。

第四代堆选择快谱反应堆是因为其具备核燃料增殖的能力，钠冷快堆、铅冷快堆、气冷快堆和熔盐堆都具备这方面的能力，能明显提高铀资源的利用率。而超高温气冷堆的作用是能够提高核电厂的发电效率，同时其高温热可以在工业领域进一步拓展核能的应用。具体情况见表3-3。

表 3-3 第四代堆型

堆型	作用	技术发展阶段	GIF作为候选堆的主要考虑
钠冷快堆	闭式燃料循环	商业示范验证 BN800 于 12 月 10 日并网发电	安全性 经济性 可持续性
铅冷快堆	小型化多用途	关键工艺技术研究	安全性 经济性 可持续性
气冷快堆	闭式燃料循环	目前有关键技术难于克服	可持续性
超高温气冷堆	核能的高温利用	示范工程验证	安全性 经济性 (高温利用)
超临界水堆	在现有压水堆的基础上提高经济性与安全性	关键技术和可行性研究	安全性 经济性
熔盐堆	钍资源利用	关键技术和可行性研究	可持续
ADS	嬗变	关键工艺技术研究	—
行波堆	提高铀的利用率	关键工艺技术研究	—

而来自 IAEA 的 INPRO 先进核能系统的目标是一个广义的核能可持续性，包括了其他各项指标（经济性、环境、废物管理、安全、防扩散、实体保护及结构模式）。

对于我国，为了实现核电发展的 2050 年目标以及核能的可持续发展，其核心问题是核能的可持续性，即实现铀资源的高效利用，以及实现长寿命放射性废物的有效嬗变。这也是我国核能发展“三步走”之中的第二步关键——利用快堆实现核燃料的增殖与长寿命放射性废物的有效嬗变。

可持续核能系统不仅仅是核电站，还包括了核燃料循环的各个环节，后处理技术是该燃料循环系统中的另一个核心技术，有关与第四代堆相匹配的后处理技术也需配套研发和建设。

近十年，为达到 GIF 所提出的目标，国际及我国均开展了一系列研究活动，取得了一定的研究成果，同时也遇到了若干技术挑战，整体情况见表 3-4。

表 3-4　基于安全性、可持续性和经济性的 6 种反应堆系统设计方法及其研发挑战

第四代核能系统	为达到 GIF 目标的设计方法			主要挑战/技术空白
	安全性	可持续性	经济性	
钠冷快堆	固有特性：自然循环冷却剂和燃料的开发 高沸点单相冷却剂	SFR 的主要应用，将铀的利用率提高到 60 倍或更多；长寿命废物的嬗变	热力学效率高；运行周期长	改进燃料装卸系统以减少停堆时间；提高燃耗和延长循环周期；改进仪表预防钠泄漏；在役检查和维修能力；延长系统寿命；检查和诊断能力；抗震设计；严重自然灾害的应急能力
气冷快堆	超高温燃料； 复杂的特有安全系统	同 SFR	热力学效率高；可为工业生产提供热量	含裂变产物的核燃料可在 1600℃下耐受几个小时；气体循环的组件；热屏蔽；阀门和逆止阀；仪表
铅冷快堆	单相，高焓冷却剂；沸点高；可自然循环冷却剂	同 SFR	热力学效率高	腐蚀控制；堆芯测量；燃料装卸；燃料开发；在役检查和维修技术；抗震设计
超临界水堆	单相冷却剂；非能动安全系统	具有高转化率，适当的嬗变能力	借鉴燃煤电厂的丰富经验；热力学效率高	局部功率和冷却剂质量流量的不一致；开发耐高温包壳合金；明确和管理相对于传统轻水堆 LWR 的安全系统差异；与辐解和腐蚀性产品运输相关的水化学；快中子谱与安全要求不兼容
超高温堆	仅限 $600MW_t$①；石墨结构和集体的巨大热惯性；1600℃以下燃料不会损坏；单相惰性冷却剂	不是当前发展的重点	热力学效率非常高；多种非发电的应用	燃料质量；开发复合组件；压力容器材料；热利用系统材料；石墨内部结构件质量；适合于高温运行的核电厂配套子项；产氢系统
熔盐堆	不存在燃料熔化问题；易裂变材料存量少；裂变产物放射性总量相对较低	建立回收厂	热力学效率高；多种用途	熔盐燃料理化行为；熔盐与结构材料的相容性；仪表和控制；在线燃料后处理

注：来源于 www. sciencedirect. com。

① MW_t 指热功率。

3.3 近期、中期、远期核能发电技术分析

3.3.1 核能发电领域科技发展趋势分析

1. 钠冷快堆

快堆是由快中子引起链式裂变反应所释放出来的热能转换为电能的核电站。快堆在运行中既消耗裂变材料，又生产新裂变材料，而且所产可多于所耗，能实现核裂变材料的增殖。发展快堆能增殖核燃料、提高铀资源利用率，以及嬗变长寿命高放废物、减少核废物。快堆发展的历史上，有过使用多种冷却剂的尝试，但是由于工艺要求与安全限制，最终保留下来的冷却剂是液态金属钠。目前国际上所有在运行的快堆均是使用钠作为冷却剂，但人们对使用其他冷却剂作为快堆冷却剂的研究一直没有停止。

从国际上看，目前世界上已经建成 22 座钠冷快堆，积累了约 400 堆年的实践经验。建成的快堆包括实验堆、原型堆和 120 万 kW 的示范快堆核电站，具有较好的工业推广基础。我国快堆技术的开发始于 20 世纪 60 年代中期，中国实验快堆于 2010 年 7 月实现首次临界，2011 年实现并网发电。

目前我国正在开展示范快堆的研发工作，预计 2023 年前建成示范快堆电站、商业规模快堆 MOX 燃料制造厂、商业规模压水堆乏燃料后处理厂等，初步形成工业规模闭式燃料系统（“后处理-燃料制造-快堆电站” 模块），实现示范应用，开展快堆及其燃料循环技术的工业规模验证；2035 年左右实现快堆电厂作为第四代主要堆型应用的先进核能系统目标；2050 年我国先进核能系统发展初具工业规模，基本实现压水堆与快堆的匹配发展，重点发挥快堆在增殖核燃料、提高铀资源利用率，以及嬗变长寿命高放废物、减少核废物等方面的重要作用。

钠冷快堆用液态钠为冷却剂，液态钠有沸点高、化学性质活泼的特点。因此，钠冷快堆一回路常压设计安全性好；钠的导热能力强，池式的一回路设计为堆芯严重事故时提供了最快的初始热阱，对堆的安全极为有利；采用非能动的余热排出方式，应对事故能力强；钠的化学性质活泼，事故情况下提供了良

好的放射性包容能力。上述钠冷快堆的本征安全特征有利于设计成满足第四代要求的堆芯熔化概率低于 10^{-6}/堆年和任何事故不需要厂外应急的安全目标。

钠冷快堆主要面对的问题是存在着钠火、钠水反应的潜在风险。

2. 铅冷快堆

铅冷快堆（铅铋冷却快堆）也是快堆的一种，与钠冷快堆相比具有更硬的中子能谱，因此在增殖与嬗变方面具有更好的优势。

铅冷快堆仅有阿尔法级核潜艇实际运行和经验积累。目前俄罗斯、日本、美国等国家及欧盟是相关技术的发展主力，其中俄罗斯的技术水平最高。我国从 2007 年开始进行铅铋合金冷却先进核电反应堆的研发工作，主要集中在堆芯研发和燃料及材料的研制方面，同时兼顾系统设计和设备的研发工作，目前已经提出了概念设计阶段的总体设计方案。

现阶段国际上铅基合金冷却反应堆的开发主要以小型核电站为公开背景，进行关键技术攻关和方案设计，具有以下共通性：具有硬中子能谱，燃料以金属型燃料或氮化物燃料为主，采用铅铋合金或纯铅冷却；拥有一个能有效增殖铀和管理锕系元素的闭合燃料循环，可以把锕系元素进行完全燃料再循环；具有换料周期长达 15~20 年的 50~1200MW_e各型堆芯。

铅铋合金冷却反应堆系统在反应性自控、余热导出等方面具有明显的优势。铅铋合金高沸点且具有始终为负的空泡反馈效应，堆芯也具备强大的负反馈能力且剩余反应性小，可以实现反应性的安全自控和高度容错；反应堆容器内的堆芯及一回路冷却剂系统实际上是高导热的金属实体（燃料芯块和包壳之间也有铅铋合金填充层），在常规换热器如蒸汽发生器和余排系统失效的情况下，还可以通过反应堆容器壁与空气或水的换热来间接冷却内部结构；一体化设计消除大破口事故的初因，铅铋冷却剂不会流失和气化，能始终保证热传导的可靠性和能力；铅铋循环系统有很强的自然循环能力，在失去电源的情况下也可以提供足够的系统流量，强化余热导出；一回路系统的常压设计可消除弹棒事故的初因。这些特点使堆芯极不可能熔损，系统在无需外界干预的情况下能应对各种事故。

铅铋冷却反应堆系统在放射性释放控制方面具有独特的优势。铅铋合金的化学惰性，使之不与水或空气等发生反应。铅铋合金具有高密度，在假想的堆芯熔化事故发生后，熔融物会因密度接近而弥散在铅铋合金冷却剂中，并随着冷却剂凝固而固化，避免了核物质重返临界的风险。一体化设计取消了铅铋管道和阀门，使铅铋合金泄漏出堆容器的概率极低，有助于从根本上消除钋放射性意外释放的可能性。铅铋合金具有吸附和抑制裂变产物特别是某些易挥发裂变产物的能力，从物理上消除核电厂场外应急的需要。

对于我国来讲，由于没有铅铋合金冷却反应堆的设计建造和运行经验，一些铅铋合金基本的物理化学特性也将成为必须掌握和克服的现实问题，初步归纳如下：常温下合金凝固、不透明以及辐照后产生物具有一定放射性；对氧含量敏感；有对系统杂质进行控制的要求；有对材料腐蚀和侵蚀进行防护的需求。

采用金属燃料和氮化燃料的铅铋冷却快堆可以方便地高效利用天然铀、贫铀、轻水堆乏燃料和钍等多种核燃料资源，同时大幅减少核废物的产生量，明显削减铀浓缩需求和后处理需求，减少燃料循环体系的成本，同时支持核不扩散。小型化是铅基合金冷却反应堆的重要应用方向之一。

3. 气冷快堆

与钠冷快堆项目相比，气冷快堆具有更硬的能谱，有利于燃料的增殖与嬗变。同时冷却剂具有化学稳定性好、透明、更高的出口温度等优点，但也存在着导热能力差、流速高、高冷却剂压力以及 LOCA（失水事故）下的安全性差等缺点。

从国际上看，德国、美国、欧盟、苏联、英国、日本等国家或地区均开展过不同气体冷却剂的快堆设计研究，在世界核能事业萎缩的大背景下，只有很少数的国家与研究机构坚持气冷快堆的研究。进入 21 世纪，由于快堆在能源发展中的重要地位，气冷快堆又因其高增殖比及高热效率等特点，重新成为人们的研究热点。

目前国际上所有在运行的快堆，虽然均使用钠作为冷却剂，然而人们对使用气体冷却剂作为快堆冷却剂的尝试，却一直没有停止，主要是因为相对于钠冷却剂来说，气体冷却剂的优势很多，包括如下几点：①与水之间没有剧烈反应，与结构材料之间化学相容性好；②活化反应很小；③无色透明，方便在可视的条件下进行换料与检查工作；④不会发生相变，减少事故工况下的潜在反应性波动；⑤与钠冷却剂相比，正反应性反馈变小；⑥慢化小，伴生俘获少，导致能谱变硬，潜在增殖比提高；⑦气体冷却剂体积份额大，活性区泄漏率大，泄漏中子更多抵达增殖区，从而提高增殖比；⑧气体相比液态钠，造价便宜，纯化处理相对简单；⑨高温冷却剂气体可直接推动汽轮机发电，效率更高，热效率可以达到40%左右；⑩出口温度高，应用范围广，在高温制氢和供热领域有很大前景。

这些优点与快堆既有的优点相结合，无疑会大大增加气冷快堆的竞争力。但是，气冷快堆也有着不少缺点：①由于气冷热导率小，为了达到堆芯热工需求，对主泵的功率需求变大；②需要维持系统内的高压环境，氦气一般为7 MPa，超临界 CO_2为 25 MPa，最终运行压力的确定需要在工程实际、安全限值以及泵功率上权衡得到；③气体冷却剂的性质需要包壳表面粗化，以维持其表面温度不超过限值，因而导致堆芯压力降低，对泵功率要求提升，此外，也造成快堆各分组件的功率密度各不相同，为维持合适的温度，每一个组件都需要配置可调流量分配装置，或者配置数目合适的包壳粗化区域；④高流量率会导致燃料棒明显的震动；⑤LOCA 事故下，气体压力降低，从高功率密度堆芯中很难导出衰变热，因而需要迅速的响应速度、高可靠性以及足够大的泵功率。

这些问题主要是由气体冷却的方式决定的，加上快堆功率密度较大的特点，这些问题的严重程度更是扩大。尤其在散热方面，与普通的高温气冷堆相比，气冷快堆不能通过自然对流的方式排出衰变热，因而安全性上无法达到要求，这也是至今为止气冷快堆一直停留在设计阶段而从未建造的原因。

随着技术水平的进步和设计理念的升级，先进气冷快堆的设计在吸收以往研究经验的基础上，做了很多有效的改进。

虽然气冷快堆有着众多优势，但是在工艺成熟度上还无法与钠冷快堆相比较。根据 GIF 的发展规划，目前正处在气冷快堆的可行性研究阶段，预计在未来 10~20 年内可以最终确定实验气冷快堆的设计方案，并且着手准备实验气冷快堆的实际建设。气冷快堆的最终实现还有很长的路要走。

4. 超高温气冷堆

高温气冷堆是基于早期的气冷堆、改进型气冷堆发展起来的，有坚实的技术基础。高温气冷堆由于具有固有安全特性，从技术上消除了发生灾难性核事故的可能性。高温气冷堆的燃料元件在技术上很难进行后处理，采用一次通过式燃料循环，这一点上有利于防止核扩散。同时，发展超高温气冷堆是解决未来核能制氢等高温利用的重要途径之一。

我国高温气冷堆技术已具备良好的发展基础。自20世纪70年代就开始研究高温气冷堆相关技术，10 MW高温气冷堆实验堆（HTR-10）于2000年建成临界，2003年实现满功率并网发电。HTR-10的建设标志着我国的高温气冷堆技术达到国际先进水平。

目前我国正在开展示范工程建设，进行示范堆运行验证，争取在2025年前开展高温气冷堆商用堆首堆建设，2030年后高温气冷堆要在非电力工业应用领域实现一定规模的推广利用和实现高温气冷堆技术的出口，在我国能源供应中发挥应有作用。

高温气冷堆采用耐高温的陶瓷型包覆颗粒燃料元件，化学惰性和热工性能良好的氦气作为冷却剂，耐高温的石墨燃料作为慢化剂和堆芯结构材料，具有安全性好的特点。氦气是一种惰性气体，不与任何物质起化学反应，与反应堆的结构材料相容性好，避免了以水作冷却剂与慢化剂的反应堆中的各种腐蚀问题，使冷却剂的出口温度可达950℃，甚至更高，这就显著提高了高温气冷堆核电站的效率，并为高温堆核工艺热的应用开辟了广阔的领域。氦气的中子吸收截面小，难于活化，在正常运行时，氦气的放射性水平很低，工作人员承受的放射性辐照剂量也低。模块式高温气冷堆根据“非能动安全性”原则进行热工设计，使得在事故停堆后，能够依靠导热及自然循环排出所有余热。反应堆在整个寿期、在所有工作温度下都具有较大的负反应性温度系数，而且温度裕度大，因而具有反应性瞬变的固有安全性，事故情况下，反应堆可不借助外设停堆系统，而仅靠负反应性而自动停堆。

高温气冷堆使用的耐高温的陶瓷型包覆颗粒燃料元件，目前很难进行后处理，因此只能采取一次性通过的循环方式。

高温气冷堆的用途广泛，在发电方面具有较高的发电效率，可采用蒸汽循环方式（热效率可达40%）或氦气循环方式（热效率可达50%）。在热工艺应用放方面，可以提供900~950℃的高温工艺热和540℃以下各种参数的工艺蒸汽。在核能制氢方面，高温气冷堆是最适合核能制氢的堆型。

5. 超临界水冷堆

超临界水冷堆是一种高温高压的水冷反应堆，其反应堆冷却剂出口温度在水的热力学临界点（374℃，22.1 MPa）之上，与常规超临界汽轮发电机组配合，从而实现高的系统热效率和系统简化。目前水冷堆是核能发电市场和舰船核动力的绝对主力，从技术发展看，主要集中在核反应堆系统在安全性和经济性等方面的不断改进和优化，因此，发展超临界水冷堆是我国第四代压水堆技术进一步发展的方向。

自 21 世纪初开始，一些国家和地区例如欧洲、美国、日本和加拿大等，纷纷在第四代核能系统框架下开始了 SCWR 的研发活动。根据最新报告，目前已经完成了“热中子谱”超临界水冷堆的概念设计，同时也在开展“快中子谱”超临界水冷堆研究。欧盟在 2014 年年底基本完成了 SCWR 核燃料辐照考验回路的设计工作，希望在捷克 LVR-15 研究堆上开展燃料辐照试验。2017 年超临界水试验回路已在捷克建造完成，并被批准开展堆外试验，预计 2015 年可开展堆内试验。我国在“973 计划”项目等国家科研计划的支持下，多个单位已开展对超临界水堆的前期研究和基础研究，并与国际同行有广泛的交流。目前，在一些重要的技术领域和工程应用方面，取得了重要的突破和研发成果。

根据 GIF 提出的路线图，超临界水堆在 2015 年前后完成关键技术和可行性研究，2022 年前后完成性能研究和示范堆建造，大约 2030 年前后可以实现商业应用。

与现有水冷堆相比，超临界水冷堆具有以下优点。

1）充分利用现有常规超临界火电机组的先进技术成果，SCWR 机组热效率高达 45%，比常规轻水堆机组提高 30%左右。

2）由于超临界水没有相变，不存在 DNB（偏离核态沸腾）现象，事故下不会出现温度飞升的情况。

3）由于核燃料未采用锆合金，严重事故下不会产生氢气，避免了发生氢爆的风险。

4）采用直接循环，主系统极为简化。与 PWR 相比，取消了蒸汽发生器、稳压器以及相关系统设备；与 BWR 相比，取消了蒸汽分离器、干燥器和再循环泵，并减少了低压透平和冷凝器数量。

5）由于超临界水平均密度较低，中子谱较硬，且热效率高，核燃料利用率大大高于现有水冷堆，超临界水冷堆还可以设计成快谱，实现核燃料的增殖。

6）技术继承性好，超临界水冷堆属于压水堆范畴，其反应堆系统可有效利用现有压水堆在设计、研发以及制造、建造、运行等方面的技术基础和经验。

超临界水冷堆研发最大的特点是其很高的运行温度和压力，由此带来的主要技术挑战体现在3个方面：一是材料技术，原有用于水冷堆的材料很多不再适用，特别是最核心的核燃料包壳和反应堆结构材料需要研发；二是热工水力性能试验，研究超临界水作为冷却剂带来的反应堆热工水力性能的变化，以及由于反应堆内冷却剂密度大幅度变化导致的强烈的核热耦合效应等；三是设计技术，包括总体系统集成和单项的关键技术。其中材料技术是超临界水冷堆安全性和经济性的主要制约因素，热工水力性能试验研究成果可以优化改善安全性和经济性，而总体设计首先是综合指导材料和热工水力性能研究的目标和方向，也是其研究成果的优化整合和体现，设计研究与实验研究是一种相互反馈的关系。

6. 熔盐堆

熔盐堆（MSR）是用铀、钚、钠、锆的氟化盐在高温熔融的液态下既作核燃料，又作载热剂的一种反应堆，从设计上与其他反应堆明显不同，而且高温下熔盐在化学上很稳定，这样简化了传热系统，并可以达到较高的热效率；采用了高温耐熔盐腐蚀的结构材料，出口温度可以提高到850℃，因此可以采用热力化学方法制氢；同时MSR具有良好的安全性；熔盐中允许加入不同组成的锕系元素的氟化物，形成均一相的熔盐体系，用于嬗变。

熔盐堆的概念最早由美国橡树岭国家实验室（ORNL）提出，并于1954年建成第一座2.5MW的用于军用空间核动力实验的熔盐堆（ARE）；1965—1968年间；该实验室又成功运行一座8MW的熔盐增殖实验堆（MSRE）13000h。这两座原型堆从理论和实践上证明了熔盐堆的可行性。欧盟正在开展的“熔盐堆计划”试图用熔盐堆对长寿命的核废料及MA进行嬗变；在俄罗斯用于燃烧Pu和MA的MOSART正在研究中；日本的JAEA和德国FZK研究中心正在将用于快堆安全分析计算的SIMMER程序扩展到对熔盐堆的物理热工分析。我国20世纪70年代开展了钍增殖动力堆研究工作，之后相关研究工作停止了很长时间。2011年，由中国科学院承担“未来先进核裂变能——钍基熔盐堆核能系统”（TMSR）的工程探索研究。

目前钍基熔盐堆处于起步阶段，旨在建立完善的研究平台体系、学习并掌握已有技术、开展关键科学技术问题的研究；钍基熔盐堆的大规模推广应用，尚有许多技术问题需要解决。

7. 行波堆

行波堆是快堆的一种特殊设计，其基本理念是利用高性能燃料和材料技术，通过长寿命和深燃耗使占天然铀中绝大部分的^{238}U在堆内实现原位增殖和焚烧，从而显著提高铀资源利用率，促进核裂变能可持续发展。

目前美国泰拉能源公司提出开发的商用行波堆是一种使用金属燃料的特殊设计快堆，一次装入大量驱动燃料和转换组件，通过堆内倒换的方式实现长期运行，在较长时间内（如10年）无需进行更换新燃料及转换组件。不同于在堆外进行乏燃料后处理和新燃料制造的传统闭式燃料循环模式，行波堆可以在堆内实现燃料循环，不需要在堆外进行乏燃料后处理和新燃料制造。在不后处理的情况下，商用行波堆可利用已存有的贫铀或天然铀，并大大提高铀资源利用率（10%~20%）。此外，行波堆具有固有防扩散特性，可作为一个可以在国际市场上大力推广的项目，满足核能后发国家的需求。

行波堆首先是特殊设计的金属燃料钠冷快堆，在大部分系统和设备上与常规钠冷快堆相同。与常规钠冷快堆的区别在于堆芯设计、燃料组件设计及堆芯运行换料的策略等方面。

由于高燃耗以及堆芯设计的复杂化导致行波堆的设计、建造和运行均面临着严峻的技术挑战，当前技术水平与商业行波堆的实现仍存在较大差距，需要投入大量研究突破关键技术，并对关键系统设备进行充分试验证设计。主要设计挑战总结如下。

1）燃耗的限制条件。行波堆的燃料峰值燃耗水平需要达到30at.%以上，结构材料的辐照损伤需要达到500 dpa以上。当前的辐照数据仅达到20at.%燃耗和200 dpa的水平，距离行波堆的需求有很大差距。

2）组件结构材料的辐照肿胀及损伤。高剂量的辐照将导致组件结构材料产生显著膨胀，对于乏燃料组件的机械性能、热工流体力学性能、燃料可操作性等都会产生明显影响。

3）正的钠密度反应性效应。由于堆芯尺寸较大，并且增殖焚烧能力对于增殖性能的需求很高，堆芯内的 Pu 含量随着运行过程不断积累，钠密度反应性效应为正值并随之不断变大，对于堆芯的安全性能将产生不利影响。

4）堆芯设计优化。一方面行波堆运行需要达到比较深的燃耗深度，另一方面由于材料的辐照损伤限制，燃耗水平需要满足限制条件。这对于行波堆的优化设计是最主要的挑战之一。另外堆芯的物理、热工、力学等各种设计限制相互关联，极大增加了设计难度。

根据国内外研发现状来看，行波堆技术的工程研发目前仍以美国泰拉能源公司为主，泰拉能源公司对行波堆技术发展的规划在一定程度上代表着行波堆技术未来可能的发展计划。

目前，由于技术指标超高（燃料峰值燃耗要求 50at. %、对应结构材料辐照损伤高达 800 dpa），现有技术水平离目标状态差距巨大，且在短期内无法攻克，技术研发难度极大，泰拉能源公司已放弃理想行波堆概念（即蜡烛堆概念），转而进行技术难度大大降低的驻波堆概念。在该概念中，将通过堆内倒料的工程措施来实现“驻波”，从而达到对 ^{238}U 原位增殖焚烧的目标。泰拉能源公司提出目标装机容量为 100 万 kW 的商用行波堆核电厂，使用创新型金属燃料和液态钠冷却剂、点火阶段使用中等富集铀（富集度低于 20%）、后续加料使用贫铀或天然铀组件并考虑堆内倒料策略。商用堆卸料峰值燃料约为 30at. %，对应结构材料最大辐照损伤约为 500 dpa。相比理想行波堆，燃料和材料指标要求已大大降低。该型号为可进行商业推广的型号，能够实现行波堆安全性、经济性的相关指标。

当然，即便是上述提到的商用行波堆，其燃料燃耗和材料辐照损伤的技术指标仍超出现有技术水平。为逐步推进、顺利实现商用行波堆技术的开发，泰拉能源公司提出首先建造一座 60 万 kW 的原型行波堆核电厂，用以对商用行波堆的燃料材料、倒料策略设计等关键技术和部分关键设备进行验证和测试，也对商用堆的安全性和经济性进行一定演示验证。除此之外，原型堆的研发目标也包括将原型堆自身建造成一座安全性和经济性俱佳的快堆核电厂。

8. ADS

加速器驱动的次临界系统（ADS）是由加速器、散裂靶和次临界反应堆等组成的系统。从反应堆设计上，ADS 属于快堆的一种，由于使用了加速器散列中子源和次临界堆芯，具有更高的嬗变效率与安全性。但由于是次临界系统，其发电效率很难达到电站水平。

国际上，欧盟各国在其框架协议下，充分利用现有核设施，合作开展相关研究；美国能源部从 2001 年开始正式开展 ADS 相关的研究工作；俄罗斯于 1998 年启动 ADS 开发计划；日本从 1988 年就启动了 OMEGA 计划，日本的强流质子加速器装置 J-PARC，计划也将用于 ADS 的实验研究。此外，韩国和印度等国也都制订了 ADS 研究计划。我国从 20 世纪 90 年代起开展 ADS 概念研究，“十五”期间建成了快-热耦合的 ADS 次临界实验平台——“启明星一号”；中国科学院于 2011 年启动了战略性先导科技专项“未来先进核裂变能——ADS 嬗变系统”（简称“ADS 先导专项”）。目前加速器驱动嬗变研究装置（CIADS）已进入项目建议书评审和立项审批阶段，CIADS 是世界上首台兆瓦级加速器驱动的次临界系统研究装置。但国际上，对于未来的核能系统是采用商业快堆还是 ADS 嬗变阶段仍没有定论。

ADS 的特点是通过调节控制加速器的运行参数，可调控中子源的强度和快中子能谱，进而调控次临界反应堆中可裂变/可嬗变核素的嬗变速率。因为 ADS 采用的堆芯是一个深度次临界系统，具有固有安全性，可从根本上杜绝核临界事故的可能性，提高了反应堆系统的安全性，从而可提高公众对核能的接受程度。

ADS 建设规模和投资大，相关的一系列重大关键技术综合性很强且极富挑战性，目前尚无建成先例。因此，国际上 ADS 研发均采用总体规划、分阶段实施的做法，并设想在 2030 年左右开始建设 ADS 示范装置。目前国际上 ADS 研发正在从关键技术攻关逐步转入原理验证装置建设阶段。

9. 后处理

核燃料后处理是典型的军民两用技术，是国际核不扩散控制的主要对象之一。它是指从辐照过后的核燃料中分离提取铀、钚（或钍）及其他有价值核素的过程，因而是对核电站卸出乏燃料进行有效管理、实现闭式核燃料循环的关键环节。

如图 3-8 所示，后处理的发展主要分为 4 个阶段：第一阶段以提取军用钚为目的；早期的 Purex 流程经改进后也可用于核电站乏燃料后处理，被目前商业后处理厂普遍采用，称为第二代后处理技术；第三代和第四代后处理技术目前仍处于研发阶段，均以分离嬗变为目的，处理的乏燃料燃耗进一步提高，除铀钚外，还进一步回收次锕系（MA，一般指 Np、Am、Cm）和长寿命裂变产物核素（主要是^{99}Tc 和^{129}I）以及高释热核素（^{137}Cs 和^{90}Sr）。

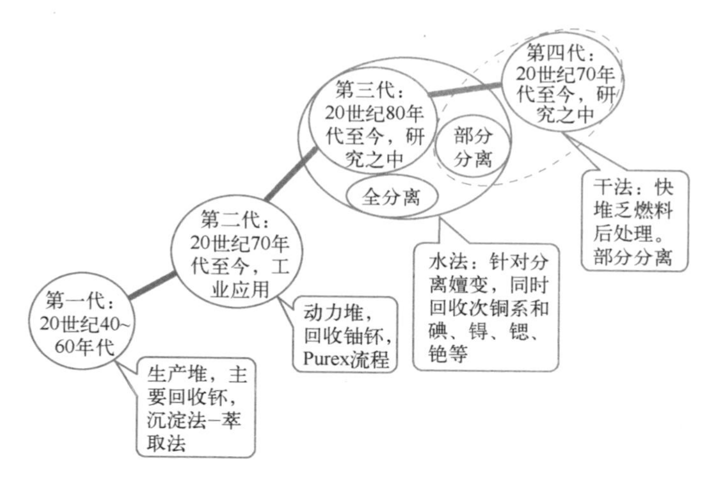

图 3-8 后处理技术发展

2020 年，我国在运机组容量将达到 58GW_e，在建容量达到 18GW_e。中国工程院和国家能源局 2010 年上报国务院的报告在分析了我国人口、能源需求与能源结构调整的基础上，对核电提出了更高的发展期望（2030 年达到 200GW_e，2050 年左右达到 400~500GW_e），以满足社会经济发展的目标。影响核电发展速度和规模的主要因素有核安全、铀资源和乏燃料安全管理等问题。日本福岛核事故以后，我国政府提高了核电站安全标准，出台了加强管理的措施。关于铀资源问题则取决于我国铀资源的保有量，虽然目前在加强勘探和提高开采技术以及研究诸如海水提铀等新技术，但结果仍然存在不确定性。

我国坚持乏燃料后处理、走核燃料闭合循环的核电政策。如果采取一次通过，则铀资源的利用率只有约 0.6%，需地质处置的高放废物量达到 2 m^3/t 铀；通过第二代后处理技术提取（铀和）钚进入压水堆复用，铀资源利用率可提高到接近 1%，需地质处置的高放废物约为 0.5 m^3/t 铀；而通过第三代后处理技术提取出铀和超铀进入快堆循环，则可以多次循环，铀资源利用率达到 60% 以上并有效嬗变超铀元素，需地质处置的高放废物量小于 0.05 m^3/t 铀，且地质处置库的安全监管年限由一次通过的几十万年降低至千年以内。一次快堆核燃料循环的社会经济效益十分明显，对核能可持续发展的贡献不可替代。

因此从后处理技术对核能发展的支撑保障角度分析提出，2030 年左右实现商业后处理厂 - MOX - 商业快堆闭路循环，即建成 800 t/年商业后处理大厂、MOX 元件制造厂以及商业 CFR1000 商业快堆，为及时规模化布置先进燃料循环奠定基础。

另一方面，为了对快堆乏燃料进行后处理，也为了尽快掌握增殖比更高、增殖速度更快的金属元件快堆核燃料循环技术，必须开展第四代的干法后处理技术研究。该系统还具有专门嬗变超铀元素的能力，以便于在核能总量较大时即乏燃料中超铀量积累到一定程度时，具备嬗变超铀的共有能力，以最大限度降低长寿命超铀元素对生物圈的危害。因此从长远来看，总体上我国核燃料循环路线图应为一个双层燃料循环系统，如图 3-9 所示。

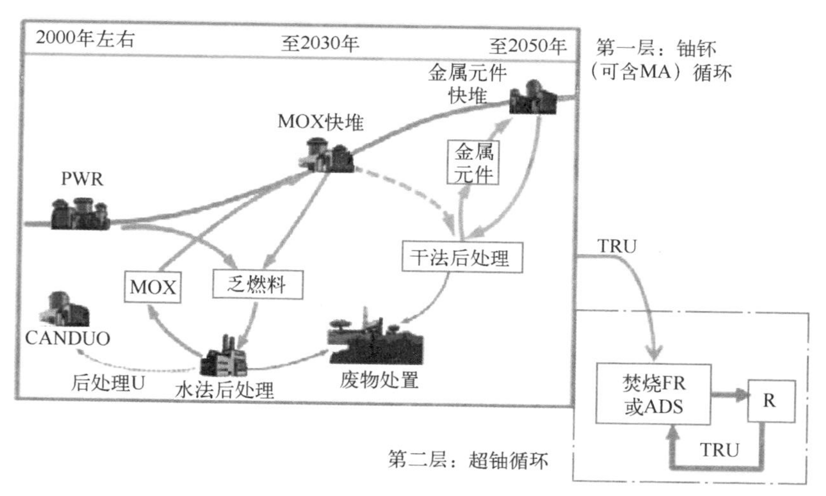

图 3-9　我国核燃料循环路线图建议

我国后处理技术发展宜按照压水堆积累工业钚直接进入快堆先进燃料循环系统的模式展开，这是我国核能发展的现实需要。后处理技术研发则优先确保建设水法后处理厂。今后大部分压水堆乏燃料暂存在贮存设施中，水法后处理能力发展，主要满足快堆发展对工业钚的需要。而干法则以掌握技术为主。

因此我国后处理技术应发展水法和干法两条技术路线，而水法又有全分离和部分分离两个方案。可以简要地将我国已建或将建的后处理设施概括为“两种类型的厂、三种技术”。而以改进的二代水法技术满足商业布置为主轴，适时附加水法高放废液全分离或部分分离作为水法后处理功能的完善和提高，以满足次锕系的分离与嬗变需要；以干法分离技术为辅，适时实现快堆尽快增殖或嬗变的需要。我国后处理技术和能力发展如图 3-10 所示，其中千吨级大厂和干法后处理厂均以掌握技术为目的。

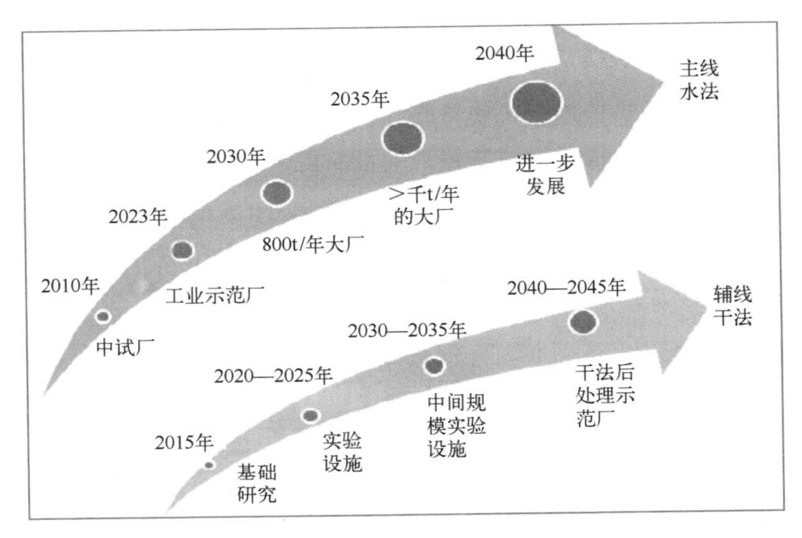

图 3-10 我国后处理能力建设建议

综上，我国的压水堆乏燃料后处理处于中试阶段，争取在 2030 年商用。对于与快堆配套的干法后处理发展，近期建立配套完整的干法后处理实验设施，开展 MOX 快堆乏燃料和金属元件乏燃料干法后处理研究；2030 年建立 MOX 燃料干法后处理的中间规模试验设施，确定嬗变靶的分离工艺；争取在 2040 年实现快堆闭式燃料循环的产业发展。

3.3.2 核能发电领域重大科技需求分析

我国已制定了“积极发展核电”的能源发展战略，目前已成为全球核电在建规模最大的国家。根据中国工程院《中国能源中长期（2030、2050）发展战略研究咨询项目》的研究报告，2050 年我国的核电装机容量达到 4 亿 kW，装机容量占总装容量的 16%，发电量占总发电量的 24%。由此带来的 CO_2 排放量可减少 29.8 亿 t/年。

第四代核能系统的 6 种堆型是以美国为首的 10 个国家建立的第四代核能系

统国际论坛（GIF）召集百位专家挑选出来的，各堆型有明显的优点，也有明显的难点和缺点，技术成熟度差异很大。

第四代与第三代的最重要的差别是第四代有核能发展有可持续性的要求，尤其是核裂变燃料能增殖，充分利用^{238}U，促进核能长期发展；能够焚烧和嬗变反应堆乏燃料中的长寿命高放废物次锕系核素和裂变产物，保护环境和公众健康。我国压水堆已进入批量建造阶段，逐步走向核电站的第三代水平。但从铀资源以及放射性废物最小化的角度出发，具备增殖与嬗变的第四代堆是一种必然的技术选择。

我国应从核电的能源需求及放射性废物长期安全的角度出发，在现阶段以压水堆为主的基础上，坚持发展快堆，确保核电发展的可持续性（核燃料的长期供给与安全、核电的安全性、放射性废物的长期安全处置）。

在快堆的发展中，以现阶段技术成熟度最高的钠冷快堆为主，尽快地实现商业示范，不断提高经济性并产业化推广，同时发展以后处理为核心的燃料循环技术并形成与核电相匹配的产业能力，争取在2050年与达到与压水堆核电相当的装机容量。

除了发电之外，目前国际上的反应堆小型化与多用途化成为另一发展趋势，根据NEA在2015年《小型堆市场研究报告》，在高预期情境下（基于成功获得许可证，并且完善了工厂制造和辅助产业链），到2035年预计全世界将增加21GW_e的小型堆装机规模，其规模达到世界核电的3%，或者2020—2035年新建机组的9%。

因此，适当地发展超高温气冷堆、铅冷快堆等固有安全性好、用途灵活的小型化反应堆，可作为核能多用途的有力补充。

3.3.3　未来5~35年核能发电领域发展的重点分析

我国的钠冷快堆技术采取实验堆、示范堆及商用堆三阶段发展的路线。

我国实验快堆已于2014年实现满功率。

我国快堆工程技术发展的第二步是正在设计的600MW_e示范快堆CFR600，预计2023年建成运行，设想2028年推广约5座运行，力争其经济性可与其他堆型相竞争。

我国快堆工程技术发展第三步是建成电功率1000~1200MW_e大型高增殖示范快堆（CDFR），要求其经济性可接受。同时开始应用现场燃料循环的合金燃料，避免厂外燃料运输，加强集中的实体防卫，防止核扩散。预计我国CDFR于2028年运行，并设想我国推广的1000~1200MW_e商用快堆CFR-1000将于2035年左右批量运行。我国快堆发展规划设想和关键燃料循环实施的匹配需要见表3-5和表3-6。

表3-5 我国快堆发展规划设想

序号	核电站	电功率	开始建造	建成时间	燃料
1	CDFR 600	600 MW_e	2017	2023	MOX
2	5×CDFR 600	5×600 MW_e	2023	2028	MOX
3	CDFBR 1000	1000 MW_e	2023	2028	金属
4	n×CFR 1000	n×1000 MW_e	2030	2035	金属
备用：					
(3)	CDFR 1000	1000 MW_e	2023	2028	MOX
(4)	n×CFR 1000	n×1000 MW_e	2030	2035	MOX

注：“n”表示按可获工业钚量决定建堆数量。

表3-6 关键燃料循环实施的匹配需要

时间/年	PWR后处理	MOX厂	快堆
2015	50t/年中试厂（RP-P）投产	0.5t/年MOX生产线（MOX-L）投产	
2017			
2020	200t/年后处理厂（RP-1）投产（PWR乏料）		
2021		20t/年MOX厂（MOX-1）投产	CEFR MOX装料
2023			CFR 600运行
2026	800t/年后处理厂（RP-2）投产	40t/年MOX厂（MOX-2）投产	
2028			CDFR 1000运行和5×CFR 600运行

注：1. RP-2为先进水法或干法。
2. 2026年燃料循环实施建成，为2028年开始推广大型快堆奠定基础。
3. RP-1同时处理MOX。
4. 根据金属燃料及高温后处理的研究和验证，决定建造40t/年MOX-2的必要性。

3.4　核能关键技术发展方向

按照我国快堆“实验堆—示范堆—商用堆”三阶段开展研发工作，重点如下。

1）将中国实验快堆建成中国闭式燃料循环技术的研发平台，重点开展快堆新燃料与新材料的研发与辐照考验工作。完成实验快堆国产包壳材料以及国产MOX燃料研发与辐照考验工作，并形成产业能力，保证中国实验快堆长期稳定运行，积累快堆运行经验。建立完善的燃料与材料辐照考验配套设施，特别是辐照后检验设备及相关热室。开展嬗变基础研究，完成含MA嬗变辐照燃料靶件的工艺验证及辐照考验。开展含MA的快堆乏燃料后处理工艺研究，并适时开展相关工艺验证。

2）开展60万kW快堆示范工程，通过工程推动产业发展，目标是2023年实现示范快堆运行。通过该工程，建立国际水平的快堆设计的协同设计软件平台，具备大型快堆设计的核心技术。开展符合第四代安全目标的示范快堆技术研发与设计工作，技术上实际消除大量放射性物质释放的可能，降低厂外应急的需求。进行关键设备的研发与验证，解决蒸汽发生器、控制棒驱动机构、主泵、大型钠阀等关键设备的研发与国产化问题，为商用快堆积累技术与经验。形成大型快堆的系统综合验证能力，自主建设或借助国际合作，形成快堆零功率、堆本体热工水力、全堆芯流量分配、事故余热排除系统、严重事故试验等系统综合验证能力。建立与示范快堆匹配的MOX燃料生产线，开展核燃料循环中的压水堆乏燃料—后处理—快堆运行的工业规模验证。

3）积极研发百万级商业快堆技术。开展金属燃料的技术研发工作，进一步提高快堆的固有安全性与增殖嬗变能力。开展快堆乏燃料干法后处理的研究，最终实现全部重金属（U、Pu、MA）随厂址的燃料制造—反应堆—后处理闭式循环系统。开展完全自然对流的非能动事故余热排除系统研究，技术上取消厂外应急的需求。

3.5 核能技术的研发体系

第四代核能系统国际论坛（GIF）提出了第四代核电的6种推荐堆型，目标是实现核能可持续性、安全与可靠性、经济性、防扩散与实体保护。这6种堆型的很多概念在20世纪五六十年代就已经提出，但由于技术及工程成熟度问题，发展应用情况截然不同。

在目前新的核电发展形势下，第四代的目标是一致的，但随着研究的深入，对各个堆型的技术发展认识也在不断地改变。正如IAEA对于核电设计工作阶段的定义（IAEA-TECDOC-1575）：

可行性研究阶段（Feasibility Study）；

概念设计（Conceptual Design）；

基础设计（Basic Design）；

厂址选择（Site Selection）；

详细设计（Detail Design）；

前期许可证通过（Pre-licensing Negotiations）。

一种新的核电型号的研发，依据其发展阶段，应配套相应的研发投入；并根据阶段成果，确保其技术前景和相匹配的技术成熟度，即美国在核电研发中的投资保护的概念。

我国在核电研发中，应充分借鉴国际国内经验，对各种堆型分阶段地开展研发工作。

3.6 核能技术的应用和推广

2020年我国核电发展的目标是总装机容量达到7000万kW，使核电成为电力工业中的重要组成部分。

根据中国工程院《我国核能发展的再研究》的估计：2030年目标，核电总装机容量达到2亿kW，使核电成为电力工业的支柱之一。考虑能源结构调整的要求、核电对常规能源的替代，核电在总发电量中的比重达到目前世界的水平

15%，核电装机容量占总电力装机容量的 10%。2050 年目标，核电总装机容量达到 4 亿 kW，使核电成为电力工业中的主流之一。核发电量占总发电量的比重为 24%，核电装机容量占总装机容量的 16%。

核电的发展离不开铀资源，而我国约 200 万 t 的铀资源，只能够支持 $200GW_e$ 的压水堆运行 60 年。因此，发展快中子增殖堆技术，并形成 $200GW_e$ 以上的装机规模，是实现核电发展目标、改善能源结构的必然选择。

总体的技术发展如下。

2030—2040 年，初步具备快堆核能系统产业化发展的条件，2040 年前后实现快堆增殖系统的产业化发展。其配套的燃料循环条件包括：争取 2023 年开始实施由开式循环向闭合循环发展，实现压水堆乏燃料的后处理，回收钚做成燃料，放到快堆中使用；争取 2035 年前后，开始实现快堆燃料循环的闭合。

我国核电装机容量的发展建议：①充分利用我国已有的铀资源，发展 $200GW_e$ 规模的压水堆；②尽快实现 MOX 燃料增殖快堆的产业化推广，提高装机容量；③发展金属燃料一体化循环技术，实现快堆闭式燃料循环和长寿命放射性废物的最小化。

压水堆的发展：2020 年压水堆发展到 $60GW_e$，其中包含了 $50GW_e$ 的第二代压水堆，之后只发展第三代压水堆，并在 2045 年达到 $200GW_e$ 的水平。2060 年开始，出现首批压水堆退役，需要新的机组代替退役机组，使用快堆增殖的钚作为新建压水堆的燃料，不再消耗天然铀。

快堆的发展：从 2032 年开始规模发展，在初期采用 MOX 燃料，暂不添加 MA，至 2040 年逐渐过渡到 U-Pu-MA 共循环模式，实施先进燃料循环。2050 年核电总规模发展到 $400GW_e$ 后，总装机容量保持稳定，此后快堆增殖的钚出现大量剩余，可以为压水堆提供燃料。

压水堆后处理：为了实现闭式燃料循环，压水堆需要一定规模的后处理厂匹配发展，根据快堆发展所需工业钚的需要，压水堆后处理厂的需求为在目前 50 t 中试厂和 2020 年 200 t 后处理厂的基础上，2030 年需要达到 1000 t/年的后处理能力，2035 年和 2040 年分别达到 2000 t/年和 3500 t/年的后处理能力。

快堆后处理：快堆的发展是以一个闭式燃料循环系统为基础的随厂址配套的干法后处理设施和燃料生产线，其规模为每个厂址（6 个机组）配套一个 120

t/年的干法后处理设施和燃料生产线。

MA 的产生与嬗变：系统中 MA 有两部分来源，一是来自压水堆，二是来自快堆发展初期的 U-Pu 循环增殖快堆。图 3-11 分析了核能系统中 MA 产生与嬗变情景。MA 在快堆中的嬗变（或者称为焚烧）可通过快堆燃料中添加 MA 并进行多次循环来实现，$200GW_e$的快堆具备 30 t/年的嬗变能力，远远大于系统 MA 的年产生量。2060 年后，整个系统的快堆堆芯中稳定存在约 70 t 水平的 MA，产生量与嬗变量基本达到平衡，实现了总量的控制。

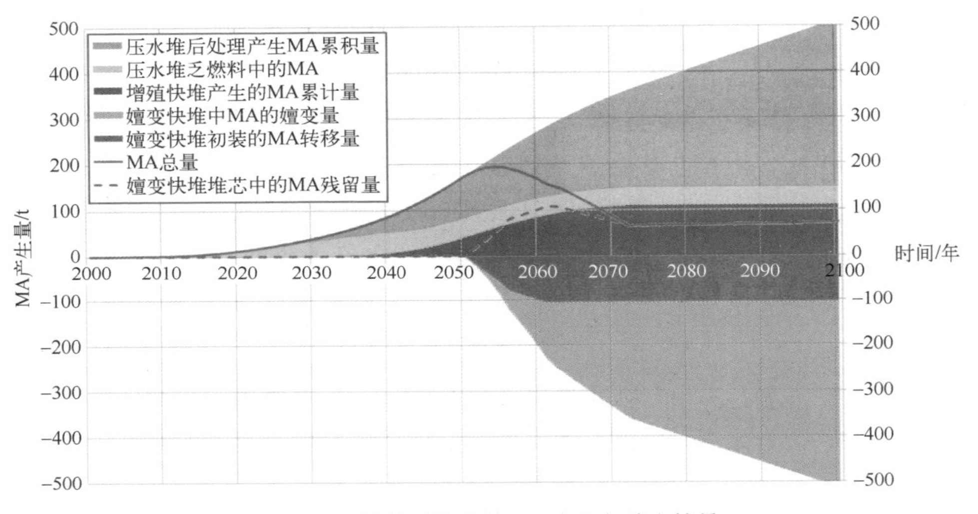

图 3-11 核能系统中的 MA 产生与嬗变情景

第4章　受控核聚变科学技术

受控核聚变能源是未来理想的清洁能源。最有可能实现核聚变的方法之一是磁约束聚变。磁约束聚变已经取得重大进展，我国正式参加了国际热核聚变实验堆（ITER）项目的建设和研究；同时作为ITER与聚变示范堆（DEMO）之间的桥梁，我国正在自主设计、研发中国聚变工程试验堆（CFETR）项目。这些措施将使我国的磁约束聚变研究水平位于国际前列。在惯性约束领域，主要研究方向是激光聚变和Z箍缩聚变点火。其中，Z箍缩打靶已取得重要进展，可能发展成为多功能聚变-裂变混合堆，因此鼓励Z箍缩作为惯性约束聚变能的主要研究方向。实现聚变能的应用尚未发现任何捷径，建议继续关注国际聚变能研究的新思想、新技术和新途径。

4.1　聚变能应用技术概述

1. 引言

太阳的能量来自它中心的热核聚变，这种反应在太阳上已经持续了50亿年。在目前的能源结构中，以煤炭、石油和天然气为主的化石燃料，是太阳能的一种存储形式。太阳内部发生的聚变反应方程式是

$$H+H \rightarrow D+e^{+}+\mu$$

$$H+D \rightarrow {}^{3}He+\nu$$

$${}^{3}He+{}^{3}He \rightarrow {}^{4}He+2H$$

这些核聚变反应的总和是

$$4H \rightarrow {}^{4}He+2e^{+}+2\mu+24.7MeV$$

其聚变产物主要是氦（He），无放射性，因而太阳的聚变能是清洁能源。

在实验室中，聚变的原料是氘（D）和氚（T），氘在海水中储量丰富，氚可通过锂间接获得。据计算，1 kg 氢燃料，至少可以抵得上 4 kg 铀燃料或 1 万 t

优质煤燃料。每升海水中含有 0.03 g 氘，这 0.03 g 氘聚变时释放出的能量相当于 300 L 汽油燃烧的能量。海水的总体积为 13.7 亿 km^3，共含有几亿亿公斤的氘。这些氘聚变所释放出的能量，足以保证人类上百亿年的能源消耗。而且氘的提取方法简便，成本较低，核聚变堆的运行也是十分安全的。

2. 磁约束

磁约束核聚变是利用特殊形态的磁场把氘、氚等轻原子核和自由电子组成的、处于热核反应状态的超高温等离子体约束在有限的体积内，使它受控制地发生大量的原子核聚变反应，释放出能量。目前世界上的磁约束核聚变装置主要有三种类型：托卡马克、仿星器以及反场箍缩，它们有各自的优缺点，但是托卡马克更容易接近聚变条件而且发展最快。

在托卡马克装置中，利用专门设计的磁场位形产生了环形的等离子体，图 4-1 中展示了托卡马克的磁场位形。首先利用沿环向排列的一组线圈产生托卡马克大环方向的磁场（又被称为纵场）；托卡马克装置需要额外的沿小环截面的磁场分量，又被称为极向磁场；为维持径向的平衡，需要利用垂直场线圈来提供垂直磁场。托卡马克中环向磁场与极向磁场的组合形成了很好的环向磁容器概念，能够将高温等离子体约束在远离材料边界的状态并维持足够长的时间。虽然目前托卡马克装置是磁约束聚变装置中最成功的，但托卡马克等离子体面临众多不稳定性，且只能在特定参数运行区内有可靠的表现，例如所谓的密度

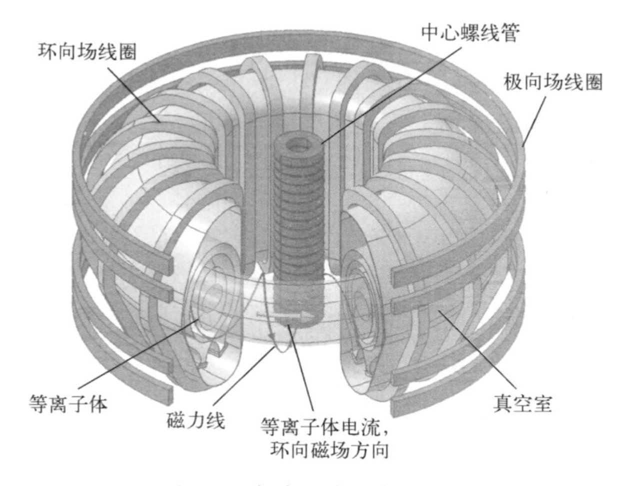

图 4-1　托卡马克基本结构图

极限。在接近或越过这些极限参数时，等离子体电流会由于内部不稳定性而发生突然的破裂。

在仿星器中，极向场通过严格设计的复杂非平面环向场线圈产生。仿星器在环向是非对称（螺旋状）的，其闭合环向磁面完全由外部线圈的三维磁场所产生。因此仿星器中无需驱动出等离子体电流。这使得仿星器无需处理大破裂不稳定性的危险，因而是非常有前景的反应堆概念。大规模的仿星器装置目前有德国的 W7-X（见图 4-2）、日本的 LHD 等。仿星器装置的主要缺陷有产生三维磁场位形需要极为复杂的线圈制造技术、三维磁面导致其粒子轨道偏移进而导致粒子约束比托卡马克装置差、三维磁面导致的强烈的新经典输运（等离子体及 α 粒子）、热与粒子的湍流数据不足等。

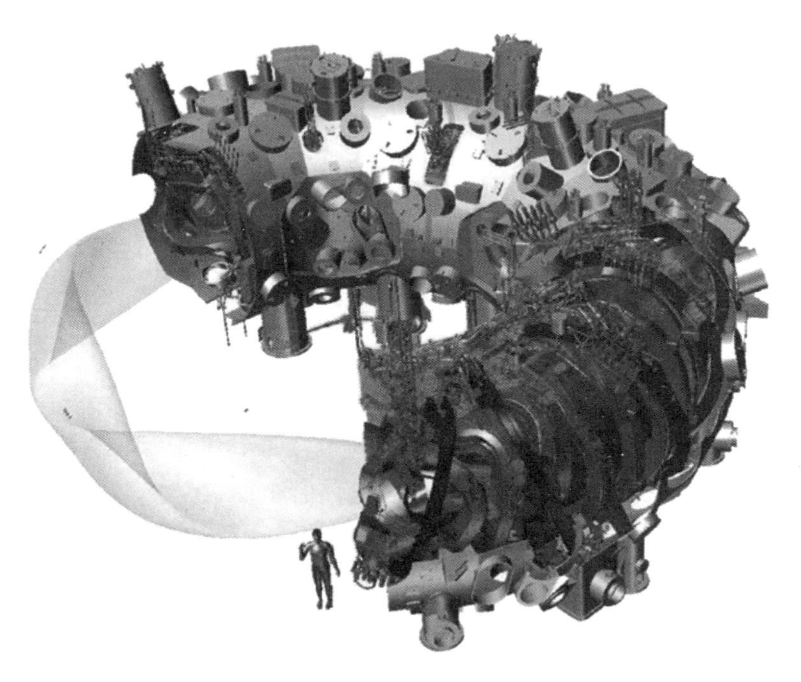

图 4-2　仿星器 W-7X

3. 惯性约束

惯性约束聚变（ICF）的基本思想：利用强激光或高能离子束等作为驱动源，脉冲式地提供高强度能量，均匀地作用于装填有 D 和 T 聚变燃料的微型球状靶丸外壳表面，形成高温高压等离子体，利用反冲压力使靶丸的外壳极快地向心运动，即内爆压缩DT燃料层到极高密度，并使得局部DT区域形成高温高密的热斑，达到点火条件，驱动脉冲宽度为纳秒级，在高温高密度核燃料还来不及飞散之前进行充分的热核反应（热核燃烧），放出大量的聚变能。

惯性约束聚变的关键技术包括驱动源、内爆物理和靶材料及制靶工艺等。根据驱动源的不同可分为激光驱动、脉冲功率源驱动和重离子束驱动惯性约束聚变。研究得比较多的直接点火、间接点火和利用超强、超短脉冲激光驱动的快点火以及比较新型的冲击波点火都属于激光驱动ICF的范畴。脉冲功率源驱动的ICF实际上一种自箍缩驱动的聚变反应，俗称Z箍缩（Z-pinch）聚变。但目前为止激光和Z箍缩聚变都未能实现单点火，仍然需要大量的实验探索。同时，这样的单发点火存在时间极短，获得的聚变能量不大，因此还需要高重复频率打靶才能获得具有实际使用价值的聚变能源。

4. 聚变-裂变混合堆

氘、氚聚变不仅能产生巨大的能源，而且是一个巨大的中子源；氘、氚聚变不仅释放的中子数量多，而且释放的中子能量高。可以利用聚变反应室中产生的中子，轰击在聚变反应室外的^{238}U、^{232}Th包层，生产^{239}Pu或^{233}U等核燃料，这就是所谓聚变-裂变混合堆，简称混合堆。建造聚变-裂变混合堆的首要条件是需要有一个聚变反应室作为堆芯，它能连续而稳定地提供大量廉价的中子。任何以氘氚聚变为基础的聚变堆均是丰富的14 MeV高能中子源，利用这些中子可建造具有多种功能和目标的纯聚变堆和聚变-裂变混合堆。

混合堆和快堆类似，都是在输出能量的同时生产核燃料。混合堆的优势在于以下几个方面：①可以直接使用天然铀或者核工业中积存下来的贫铀、乏燃料；②混合堆生产的^{239}Pu或者^{233}U，比相同功率的快堆要多几倍到十几倍；③混合堆的运行不需要达到实现链式反应的条件，安全性更高；④可以通过嬗变解决裂变核电站长寿命高放废物处理的难题。尽管混合堆有以上诸多优点，但是在发展混合堆的过程中也将面临众多挑战，例如反应室壁结构材料、冷却剂对壁材料的腐蚀问题。

5. 小结

与目前所使用的能源以及正在开发和发展的清洁能源相比，聚变核能由于其安全性、经济性、持久性和环境友好型的特点，是未来理想战略能源。目前磁约束和惯性约束各处于不同探索阶段。相比于惯性约束，磁约束的等离子体密度较低，但约束时间更长，能够持续地提供核聚变释放能量所需的环境，因此磁约束热核聚变是当前开发聚变能源中最有希望的途径。

4.2　聚变能技术演进路线

热平衡态下实际可用于聚变能源开发的约束装置有两种：磁约束装置和惯性约束装置。磁约束装置维持燃烧以获得可实用聚变能的技术途径是稳态运行；而惯性约束装置获得可实用聚变能的技术途径是靶丸的高频率点火燃烧。目前，探索和发展核聚变能的各种重要途径包括磁约束聚变堆和惯性约束聚变堆，以及基于这两种约束手段发展的聚变-裂变混合堆概念设计，都取得了重要进展。

1. 磁约束装置演进路线

托卡马克类型的磁约束聚变装置在过去的 15~20 年间，在众多反应堆相关的关键领域都取得了显著的进展。这期间实现了输运特性、运行密度、等离子体稳定性方面的巨大进步，发现了一批约束改善运行区间，例如，聚变三乘积及等效聚变功率增益 Q 分别在 JT-60U 装置上达到了 1.5×10^{21} keV · s · m^{-3} 与 1.25。在 JET（Joint European Torus，欧洲联合环）与 TFTR 装置上进行了众多氘-氚等离子体放电实验，分别实现了聚变功率为 16 MW 与 11 MW 的成果，如图 4-3 所示。在 JET 装置上还在 50/50 的氘-氚运行中实现了 Q 约为 1。

半个世纪以来，托卡马克实验中的聚变三乘积指标能够很好地表征磁约束聚变研究的进展。托卡马克实验开始于 20 世纪 60 年代，至今，聚变三乘积已提高了超过 3 个量级。实际上，基于托卡马克装置概念的磁约束聚变研究进展甚至比摩尔定律（一般用来描述半导体芯片产业的发展）还要快，如图 4-4 所示。

德国的 Wendelstein 7-X（W7-X）装置是 W7-AS 装置的升级。其主要参数：大半径为 5.5 m，小半径为 0.53 m，等离子体体积为 30 m^3，磁场强度为 3T，加热功率总计 14 MW。W7-X 装置最终于 2015 年 12 月完成组装，并成功获得了首次等离子体（He 放电）。之后，W7-X 进行了数百次的 He 放电，对真空室进行了清洗，同时进行了其他辅助系统的测试工作。在 2016 年 2 月，W7-X 获得了首次氢等离子体，如图 4-5 所示。

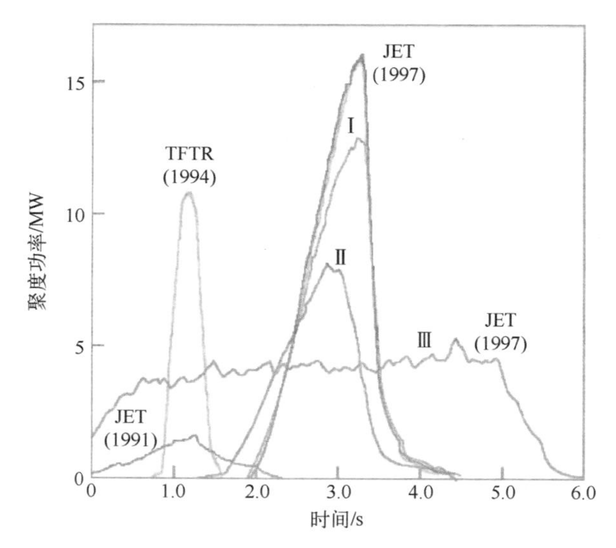

图 4-3 JET 与 TFTR 为代表的大型装置获得的聚变功率

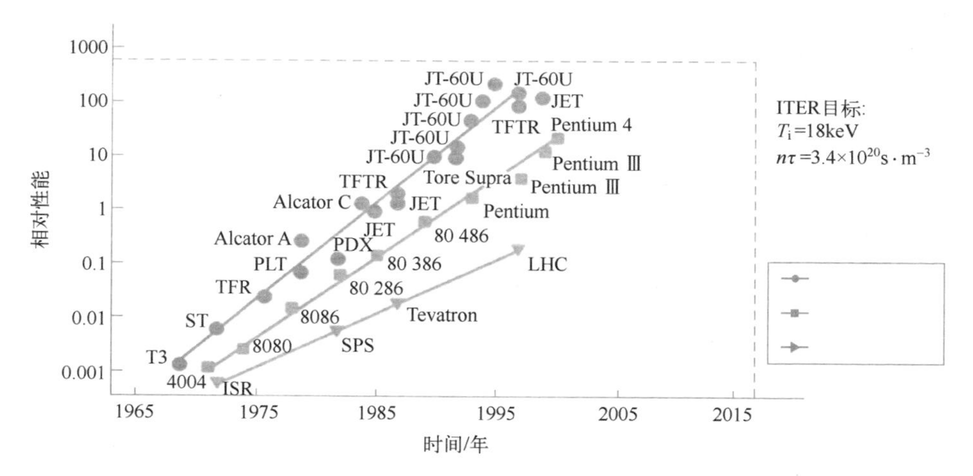

图 4-4 托卡马克装置的聚变参数与半导体芯片
的摩尔定律及粒子加速器研究的对比

2. 惯性约束装置演进路线

ICF 最早采用高功率激光作为驱动源。目前国际上运行的功率最高的激光聚变装置是美国的 NIF（National Ignition Facility），其输出能量达 1.8 MJ，峰值功

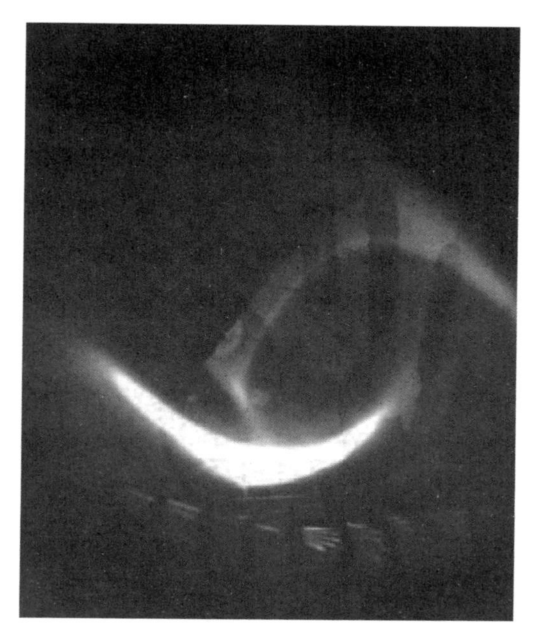

图 4-5　W7-X 的首次氢等离子体放电

率为 500 TW。从 2010 年正式开始实验以来，NIF 在内爆动力学、流体力学不稳定性和辐射输运等方面取得了一系列重要成果，并首次在聚变燃料区域实现聚变功率增益 Q 大于 1 的里程碑式进展。但到目前为止并未实现单发点火（Q 为 10~100）的原定目标。目前认为，影响点火最主要的两个因素是激光等离子体相互作用和靶丸内爆流体部稳定性。

我国正在运行的激光聚变装置主要是神光Ⅱ和神光Ⅲ。2001 年神光Ⅱ装置建成，总输出能量达 8 TW。神光Ⅱ在惯性约束聚变、X 射线激光等研究方面取得很多具有重要意义的成果。2007 年开始建设的神光Ⅲ原型装置和神主机装置（见图 4-6）成为我国开展高能量密度物理和惯性约束聚变研究的首台 10 万焦耳级高级功率激光装置。其中神光Ⅲ主机装置拥有 48 路激光，峰值功率达 60 TW，是我国目前能量最高的 ICF 研究装置。神光Ⅲ于 2014 年建成投入使用，2015 年实现了 15 倍压缩比，中子产额达 2.8×10^{12}。这一产额数据仅次于 NIF 装置，排名世界第二。

20 世纪 80 年代，苏、美陆续建成 Angara-5-1 和 Saturn 等大电流脉冲高功率 Z 箍缩装置。美国圣地亚实验室的 Z 和 ZR 装置是目前世界上正在运行的最大

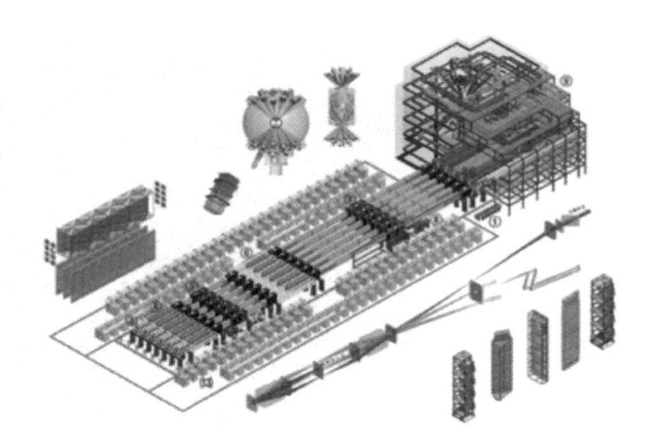

激光束数	48束
光束口径	360mm×360mm (零强度束宽)
激光波长	0.351μm
输出能量	3.75kJ/3ns/0.351μm/束
脉冲波形	1.0~5.0ns 矩形脉冲（具有一定整形能力）
光束发散角	50μrad (包含95%激光能量)
打靶精度	30μm(RMS)
能量分散度	8%(RMS)

图 4-6 我国的神光Ⅲ“点火”装置

的 Z 箍缩 ICF 聚变装置。中国工程物理研究院已形成了脉冲功率驱动器、Z 箍缩物理理论与数值模拟、实验与诊断、负载制备、制靶技术等 Z 箍缩方面的专业研究队伍，并深入开展了理论和物理实验研究、快 Z 箍缩内爆研究、辐射特性研究；已成功建成 8~10 MA 的“聚龙一号”装置（见图 4-7），为进一步开展内爆物理及 Z 箍缩驱动惯性约束聚变基础问题的研究提供了重要的实验平台。实验表明，“聚龙一号”装置在钨丝阵 Z 箍缩负载条件下，装置输出了 9 MA 峰值电流，X 射线辐射产额达 0.5 MJ，X 射线峰值辐射功率达到 80 TW，处于国际同类装置的先进水平。Z 箍缩驱动惯性约束聚变的主要优点：①线性驱动器紧凑、高效、稳定，经济性好；②靶腔的可接近性好，要求的真空度不高，内壁设计和材料易于维护和更新。然而 Z 箍缩聚变也面临着许多技术难题，例如可循环利用的传输线（RTL）的研制及回收再利用，高增益、高产额燃料靶的设计等。目前对于 Z 箍缩聚变研究尚处于起步阶段，仍然需要对其聚变的可行性开展大量的实验验证。

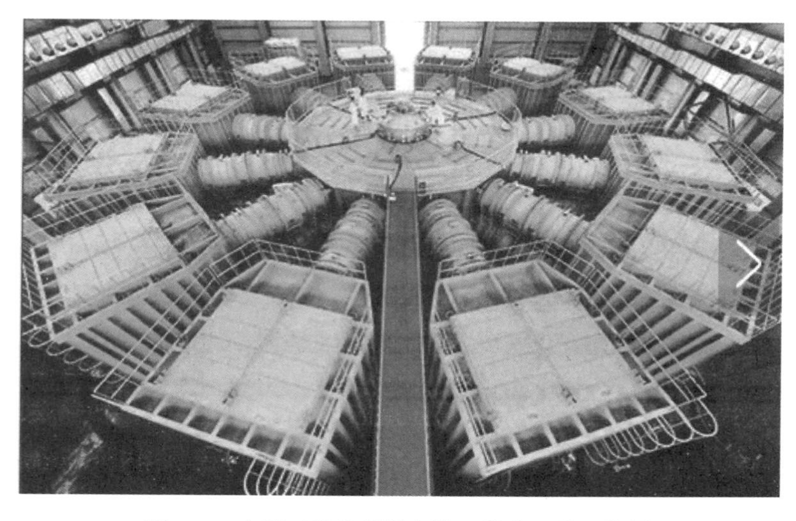

图 4-7 中国工程物理研究院“聚龙一号”装置

3. 聚变-裂变混合堆演进路线

在任何成功的纯聚变途径基础上，利用聚变中子，结合裂变反应可以设计各种不同类型的聚变-裂变混合堆。由于目前还没有哪种途径真正成功实现核聚变点火，因此，有关聚变-裂变混合堆的研究都处于概念设计阶段。这里列举两种典型案例，即Z箍缩聚变-裂变混合堆和激光聚变驱动混合堆。

国际上，Z箍缩聚变研究始于20世纪50年代中期，20世纪末期开始引起世界范围的关注。目前，美国的Z箍缩装置在聚变研究领域的研究工作主要集中于Magnetized Liner Inertial Fusion（MagLIF）的概念研究。俄罗斯方面已经建成的驱动装置包括S-300（驱动电流为2~3 MA）和Angara-5（驱动电流为4~5 MA）。2012年Baikal装置正式立项，原计划2019年建成并用于聚变点火研究，后来由于经费不足，项目处于停滞状态。我国有关Z箍缩的研究起始于2000年前后，主要由中国工程物理研究院承担。截至目前，已经逐步成立了理论、实验、测试、制靶和驱动器五位一体的研究团队。2008年10月，中国工程物理研究院正式提出了Z箍缩驱动聚变-裂变混合堆概念。2010年，“Z箍缩驱动聚变-裂变混合堆总体概念设计研究”获得支持。目前已经就这一概念涉及的主要方面开展了研究，并形成了几条技术路线和初步的概念方案。激光驱动聚变-裂变混合堆与Z箍缩驱动混合堆不同之处仅在于裂变反应产生方式的不同。其他混合堆具有的缺陷，它同样需要解决。图 4-8 是基于 NIF 成功后 Livermore LIFE 聚变-裂变混合堆的概念设计图。

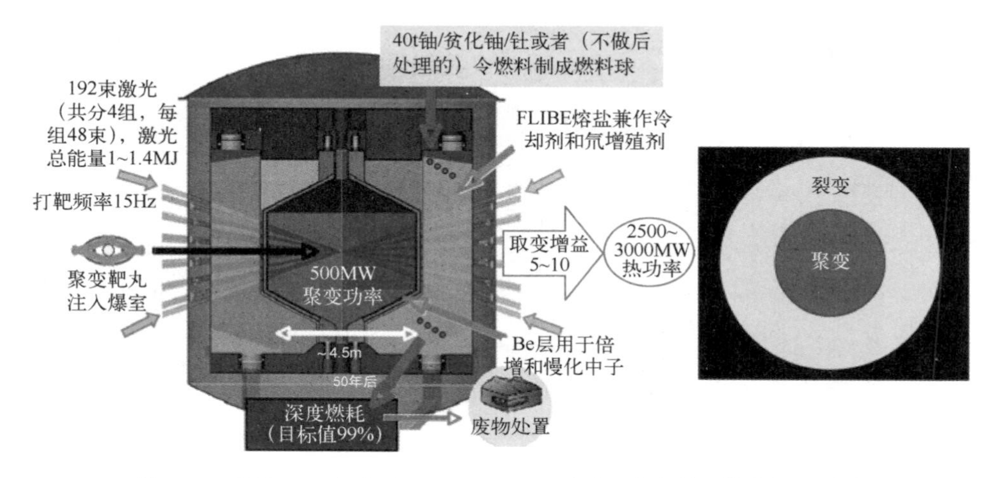

图 4-8 基于 NIF 成功后 Livermore LIFE 聚变-裂变混合堆的概念设计

4. 小结

磁约束聚变是探索核聚变能源的重要途径之一，目前已经取得重大进展：实验上实现了得失相当（Q>1）；正在建造的 ITER 将实现聚变功率 40 万~50 万 kW、功率增益因子 Q 大于 10 和每次放电可维持 400~3000 s 的稳态运行；因此它将集成演示聚变能源堆物理和关键工程技术的可行性。在惯性约束领域，国内外在激光聚变和 Z 箍缩聚变点火两个方向均取得进展。此外，聚变-裂变混合堆是一个可以考虑的探索和开发核聚变能源的途径。

4.3 世界聚变能发展趋势及各国政策分析

自从核武器研究开始之时，人类就希望把核能用于和平目的。核聚变的研究历史经历了保密、公开和国际合作这几个阶段。20 世纪 50 年代初，美国、英国和苏联在研制核武器的同时，也在从事受控热核聚变的工作。美国在劳伦斯利弗莫尔国家实验室进行 Magnetic mirrors（磁镜）研究，在洛斯·阿拉莫斯国家实验室进行 θ-pinch（环形箍缩）研究，在普林斯顿大学进行 Stellarator（仿星器）研究，这就是“Sherwood Project”（希伍德计划）；英国的哈威尔核研究中心则从事 Z-pinch 的研究（Zeta），苏联在库尔恰托夫和阿尔奇摩维奇领导下进行 Z-pinch（Z 箍缩）和 Tokamak（托卡马克）的研究。这些都是在极其保密的情况下进行的，但都遇到了诸多的困难，比如等离子体的宏观不稳定性、等离子体的约束时间仅达到微秒量级等问题。各国聚变研究者们普遍意识到实现受控核聚变的困难性，并且意识到要想实现受控核聚变就必须开展国际交流与合作，于是各国在 1958 年日内瓦召开的国际第二届和平利用原子能会议上公开了所有的研究，此后，聚变成为国际合作的主题，而 θ-pinch、Stellarator、Magnetic mirrors、Z-pinch 和 Tokamak 成为研究磁约束核聚变的主要途径，但是成效都不大。

直到 20 世纪 60 年代后期，苏联科学家在 T-3 Tokamak 上利用强纵场克服等离子体的宏观稳定性上取得突破性的进展，等离子体的各项参数有很大提高：等离子体温度 T_i 和 $T_e \approx 0.8\,\mathrm{keV}$、等离子体密度 $n_e \approx 3\times10^{13}\ \mathrm{cm}^{-3}$ 和能量约束时间 $\tau_E \approx 20\,\mathrm{ms}$。然而西方科学家不相信这个结果，由英国 Culham 实验室派出一个专家小组，带了自己的汤姆逊散射仪去测量，从而肯定了这些结果的可靠性。可以说，聚变研究前 20 年是“遍地开花”，但成果甚少。相比较之下，Tokamak 脱颖而出，其他途径进展不大。磁镜一直为其“终端”损失困扰；而 θ-pinch 的最大装置“希拉克”因未能克服宏观稳定性而全盘失败，洛斯・阿拉莫斯国家实验室从而丧失了在美国磁约束研究中所占有的“一席”之地。从 1970 年起世界上又掀起一股“Tokamak”热，美国普林斯顿大学的等离子体物理研究所（PPPL）把 Stellarator-C 装置改成 Tokamak，命名为 ST，得到了苏联 T-3 上的实验结果。20 世纪 70 年代初期在 PPPL 同时造了 3 个 Tokamak：ATC（Adiabatic Toroidal Compressor），PDX（Poloidal Divertor Experiment）和 PLT（Princeton Large Torus），而停止了原来的仿星器研究。世界上从 1968 年到现在共建造了几十个 Tokamak，把核聚变研究推向一个新的高度。20 世纪 80 年代初，世界上建造了 4 个接近聚变堆的大型 Tokamak，每个装置的投资都是数亿美元。这 4 个装置分别是美国 PPPL 的 TFTR、欧洲 Culham 的 JET、日本 Naka 的 JT-60 和苏联库尔恰托夫原子能所的 T-15 超导 Tokamak。前三个装置达到的“里程碑”是基本上实现了非氘氚燃烧科学可行性的各项指标，而 T-15 由于各种原因，一直未能投入正常运行。表 4-1 给出了国外部分大中型 Tokamak 装置的主要参数和特点。

表 4-1 国外部分大中型 Tokamak 装置的主要参数和特点

装置名称	国家或地区	大半径/m	小半径/m	磁场/T	电流/MA	特 点
JT-60U	日本	3.4	1.1	4.2	2.5	$Q=1.25$
TFTR	美国	2.4	0.8	5.0	2.2	DT 运行
JET	欧洲	3.0	1.25	3.5	5.0	DT 运行
DIII D	美国	1.67	0.67	2.1	1.6	长截面
Tore Supra	法国	2.37	0.8	4.5	2.0	超导磁体
ASDEX-U	德国	1.65	0.5	3.9	1.4	H 模

惯性约束在核聚变研究中也占有很大的比重，因它与国防研究有关，也有很好的进展，美国有庞大的“得失相当”计划：NIF 与 LMJ（Laser Magajoule），但与 Tokamak 的发展相比还有相当的距离。表 4-2 给出了世界上的主要聚变研究装置。

表 4-2 世界上的主要聚变研究装置

国家或地区	聚变方式		装 置
美国	磁约束	托卡马克	TFTR，DIII-D，Alcator C-Mod，NSTX-U，UCLA ET，LTX，Pegasus
		仿星器	ATF，CAT，HSX，NCSX，QPS
		反场箍缩	MST
	惯性约束及其他		NIF，OMEGA，Nova，Nike，Shiva，Argus，Cyclops，Janus，Long path，Z machine
日本	磁约束	托卡马克	JT-60U，QUEST
		仿星器	LHD，CHS，Heliotron J，TU-Heliac
		反场箍缩	TPE-RX
	惯性约束及其他		GEKKO XII
欧洲	磁约束	托卡马克	JET，ASDEX Upgrade，TEXTOR，Tore Supra，FTU，MAST，TCV，T-15
		仿星器	Wendelstein 7-X，TJ-II，WEGA，Uragan-1，Uragan-2M
	惯性约束及其他		HiPER，LMJ，LULI2000，ISKRA，Vulcan
韩国	磁约束	托卡马克	KSTAR，K-DEMO
印度	磁约束	托卡马克	ADITYA，SST-1

4.3.1 美国“聚变”实验室

美国是世界上最早开展核聚变研究的国家之一，开展核聚变研究的历史悠久，也是开展聚变研究最活跃的国家之一。1958年，美国普林斯顿大学的天体物理学家斯必泽理论上提出了仿星器作为磁约束聚变的途径，并建造了A、B、C三种仿星器模型，同时美国也开展了其他两种受控热核聚变研究的不同途径：环形箍缩和磁镜。1958年美国公开了本国的聚变研究计划。在1968年苏联公布了托卡马克装置T-3的最新实验结果后，各国掀起了研究托卡马克的热潮，美国将仿星器C改成托卡马克ST，1970年建成并运行。20世纪80年代，美国投入大量聚变研究经费先后建成托卡马克TFTR和DIII-D，聚变研究取得突破性进展。20世纪90年代建成托卡马克Alcator C-Mod和NSTX。这两者与DIII-D一起成为目前美国运行中的三大聚变装置。20世纪90年代中期，美国能源政策出现重大调整，聚变研究经费被大幅削减，聚变研究遭受不小的冲击。21世纪初期，美国政府认识到聚变能商用可以解决美国能源安全问题，从而聚变研究又被重新提到重要议程。1988年，美国与苏联、欧盟和日本共同启动了国际热核聚变实验堆（ITER）计划，开始了ITER的概念设计和辅助性研究开发活动，并于1992年转入ITER工程设计活动。然而，1998年美国以加强基础研究为名退出了ITER计划。美国在意识到通过国际合作来探索燃烧等离子体研究的重要性之后，于2003年1月又重新加入ITER计划。2007年美国国会决定取消2008年计划用于ITER的全部费用，对国际聚变界产生了极大的反响。但美国能源部表示，虽然会削减国内ITER计划经费但是仍会坚决履行联合实施协议所规定的美国义务，并将继续开展工作。

DIII-D装置是美国圣地亚哥的通用原子公司（GA）于1986年9月建成且目前尚在运行的托卡马克装置，是美国和国际上非常重要的大型实验装置，由最早的非圆截面位形双流器发展而来，后来发现D形截面约束性能优于双流器截面，加上国际偏滤器研究的进展，因此决定进行改装，新装置称为DIII-D，是美国和国际上用于ITER相关工程物理课题的重要装置之一。DIII-D的主要参数如下：大半径为1.67 m，小半径为0.67 m，磁场强度为2.2 T，总加热功率为

26 MW，等离子体电流为3.0 MA，基本位形为D形截面。相对而言，DIII-D是一个尺寸较小但是更为灵活的托卡马克装置。DIII-D虽然不能获得聚变功率的输出，但它是世界上最早使用D形截面约束的托卡马克装置，它可以在中等磁场强度的情况下提高等离子体电流和比压值，因此可以提高研究聚变商用堆的经济性。DIII-D拥有大量测量高温等离子体特性的诊断设备，具有等离子体成形和提供误差场反馈控制的独特性能，这些性能反过来又影响等离子体的粒子输运和稳定性。DIII-D在过去10年中是世界聚变项目中某些领域的主要贡献者，包括等离子体扰动、能量输运、边界层物理学、电子回旋等离子体加热和电流驱动。DIII-D托卡马克计划为世界聚变发展做出了许多科学贡献，该装置是世界公认的取得成果最多的装置之一。DIII-D计划是一项国家研究计划，很多从聚变能科学计划（FES）直接获得资金支持的美国实验室和大学参与了该计划。它吸纳了许多国外科学家，同时派出科研人员到国外参加实验。DIII-D计划是一个大型的国际研究计划，共有92个参与机构，采取对外开放的形式开展聚变研究，面向世界各国征求实验方案，美国能源部为此制定了研究合作协议。

4.3.2 日本“聚变”实验室

日本是世界上探索先进聚变能源途径十分活跃的国家，它在聚变方面的成就以及早期的装置设计大力推进了ITER的设计和建造。日本有两个大的聚变研究中心，其中一个是日本原子力研究所（Japan Atomic Energy Research Institute，JAERI），现已更名为日本原子能机构（Japan Atomic Energy Agency，JAEA），它建造了与TFTR、JET并列为世界三大托卡马克之一的JT-60。JT-60投入运行及改造升级成JT-60U以来，在能量增益因子、等离子体温度以及核聚变三乘积等方面均获得了国际最高数值。此外，日本原子能机构还建造了JFT系列的小型托卡马克装置。日本的另一个聚变研究中心是日本核融合研究所（National Institute of Fusion Science，NIFS），在磁约束研究方面，NIFS的仿星器得到了大力发展并处于世界前沿。磁约束聚变研究的概念在日本东京大学、九州大学等也得到推进，并分别建立了相应的科研装置。

JT-60 由日本原子能机构那珂聚变研究所建造，是以实现临界等离子体条件（能量增益因子超过 1.0）为目的的大型托卡马克实验装置，与 TFTR、JET 并列为世界三大托卡马克装置。JT-60 是日本磁约束聚变研究的骨干装置，因其真空室容积达到 60 m^3 而得名。该装置于 1985 年 4 月 8 日运行，共耗资 2300 亿日元（约 153 亿人民币）。它的主要目标是达到临界等离子体条件；确认在此条件下的约束定标律、二级加热及杂质控制。在 JT-60 上，偏滤器设置于中平面外侧，与其他装置设置于上下方进行对比试验，磁场较高（4.8 T），因此极限密度高于 JET，总电流可达 3.5 MA，总加热功率超过 40 MW。该装置上具有国际最先进的加热和电流驱动装备以及诊断设施，等离子体的总体参数达到很高的水平，尤其是低杂波电流驱动及自举电流的研究处于国际领先水平。JT-60 是世界上最早使用水平偏滤器的装置，但后期的试验发现这种装置难以获得等离子体的高约束模式，于是在 1989—1991 年将水平偏滤器改造为垂直偏滤器，同时装置升级为 JT-60U，之后围绕约束性能的改善和稳态运行开展了实验。其目的是通过改善等离子体约束性能，来研究托卡马克装置稳态运行。

JT-60 为 ITER 的主要物理研究做出贡献，同时推进和实施对未来聚变堆设计不可缺少的前期科学研究。JT-60U 完成的实验研究在很多方面达到国际最高水平，如中心离子温度达 46 keV；聚变三乘积大于 12×10^{20} keV · s · m^{-3}，或由氘氚反应产生的聚变功率外推，得到聚变增益因子 $Q>1.2$，至今仍然保持着这个记录；全低杂波电流驱动达 3.5 MA，效率高于 3.5×10^{19} A · m^{-2} · W^{-1}，接近 ITER 对驱动效率的要求；还观察到一些具有新的物理特征的高约束模，如具有内部输运垒的中心区改善约束模式等。日本和欧洲一起，早期大力推进了 ITER 的联合建造，在 ITER 开展建造的背景下，日本又获得了在其本土上建造 ITER 的远程参与控制、数据分析中心的项目。日本正在与欧洲联合建造一个更先进的面向聚变演示堆（DEMO）的装置 JT-60SA，原计划于 2019 年开始运行，目前建设进度有所滞后，预期 2025 年运行。

4.3.3　欧洲“聚变”实验室

在欧洲聚变协议的协调下，欧洲还有很多先进的聚变实验装置，例如建在英国的 JET 和 MAST，德国的 ASDEX-U、TEXTOR 和仿星器 Wendelstein 7-X，法国的 Tore Supra 和 LMJ，意大利的 FTU，英国的 MAST 等，还有一些其他概念的磁约束实验装置。

JET 是目前世界上已建成的托卡马克装置中尺寸最大的装置，该核反应堆于 1983 年在英国牛津郡阿宾顿开始运行。自 2000 年 1 月起，JET 科研项目转为由欧洲聚变发展协议 EFDA（European Fusion Development Agreement）下的各研究单位共同管理。2009 年 10 月—2011 年 5 月，JET 停机期间进行了类 ITER 第一壁的安装，即第一壁用铍，偏滤器用钨。JET 装置是整个欧洲聚变规划的一艘旗舰，其概念和关键的特点大大不同于 20 世纪 70 年代和 80 年代初期设计的其他大托卡马克的概念和特点。JET 真空室容积达 150 m^3，D 形环向场线圈和真空容器以及大体积强电流等离子体是 JET 装置独特之处，对 ITER 装置的设计和建造也有很大的帮助，因此在 JET 上进行了众多与 ITER 直接相关的实验研究。按设计目标，JET 要进行氘氚反应试验并验证能量得失相当条件，它与美国 TFTR 是准备进行氘氚试验的仅有的两个装置。该装置自 1983 年 6 月运行以来，在聚变三因子乘积上屡创世界纪录。1991 年首次进行氘氚试验，达到 1.7 MW 的聚变输出功率。1997 年，JET 装置氘氚聚变反应实验（DTE1）创造了聚变性能新的世界纪录：在能量增益因子为 0.62 时，瞬态聚变功率为 16 MW，在能量增益因子为 0.18 时，稳态聚变反应功率为 5 MW，长达约 4 s（仅受到对中子产生限制的影响）。同时，在 JET 装置上成功试验了可应用于 ITER 和聚变堆的各种 ICRF（离子回旋共振加热）方法的物理机制和性能。

近年来，JET 采用与 ITER 同样的第一壁材料结构，以便能在此条件下评价以前获得的各种运行模式的可靠性，从而为 ITER 未来科学实验提供参考和借鉴。实验结果表明，在全金属壁条件下，燃料再循环大大降低，放电过程中积累的灰尘大大减少，钨杂质并没有对等离子体性能造成严重破坏，这些无疑都是极为重要的结论，增加了人们对未来 ITER 钨偏滤器运行的信心。

4.3.4 韩国“聚变”实验室

韩国是世界上开展热核聚变研究较晚的国家，从 20 世纪 60 年代小规模的实验室等离子体研究，到 20 世纪 70 年代末期大学开展聚变研究，先后研制并创建了 SUNT-79、KAIST、KT-1、HANBIT 等小型托卡马克装置。20 世纪 90 年代，韩国政府提出让韩国的聚变研究腾飞，走在聚变科学和技术的最前沿。为此韩国超导托卡马克先进反应堆（Korea Superconducting Tokamak Advanced Research, KSTAR）项目应运而生。2003年韩国加入ITER计划，目前韩国的目标是在21世纪40年代建成本国的核聚变发电站。

KSTAR的建成是韩国迈向“能源独立”的第一步，并将为2040年建设韩国聚变发电站奠定基础。KSTAR被看作是ITER研究工作的一部分，其主要研究目标是验证具有高性能先进托卡马克模式的稳态运行性能。KSTAR装置的主要参数如下：大半径为1.8m，小半径为0.5m，磁场强度为3.5T，等离子体电流为2MA。其运行计划分为4个阶段：①初始运行阶段（2008—2012年），包括调试和基本性能试验，脉冲时间相对较短；②长脉冲运行阶段（2013—2017年），计划将脉冲时间延长到300s；③高比压、先进托卡马克运行阶段（2018—2022年）；④高比压、稳态运行阶段（2023—2025年）。2009年12月，KSTAR在1000万℃的温度下成功获得了电流为320kA的等离子体放电，持续时间约为3.6s，达到KSTAR设计性能的30%。此后KSTAR成功实现了2000万℃的等离子体放电并维持了6s。2010年11月，KSTAR比预计时间提前一年首次实现了H模（小于2s）。2012年11月，在KSTAR上成功验证了ITER CODAC技术对托卡马克的控制能力。

需要说明的是，2007年韩国政府颁布聚变能源开发促进法（FEDPL），表明韩国聚变发展迈出了决定性的一步，也使得韩国成为世界上第一个为聚变能源发展制定法律基础的国家。在此框架协议下，韩国于2012年启动了韩国聚变示范堆（Korean Fusion Demonstration Reactor, K-DEMO）的概念设计，由韩国大田国家核聚变研究所与美国普林斯顿研究所（PPPL）合作开发并且计划于2037年年底之前最终建成。目前K-DEMO主要涉及的参数如下：大半径为6.8m，小半径为2.1m，磁场强度为7.4T，等离子体电流为12MA，聚变功率为2200~3000MW。K-DEMO计划分两个阶段运行：前期不仅要验证电力净产出和氚循环，还要充当元件测试设备；后期经过升级，替换真空室内的元件，以实现500 MW_e 量级的电力净产出。K-DEMO的设计要求类似于美国、日本和欧盟早期研制的聚变电站模型。韩国聚变示范堆K-DEMO是韩国实现商用聚变电站前的最后一步。

4.3.5 其他国家“聚变”实验室

这里介绍作为ITER七个成员国之一的印度的聚变研究情况。印度的核聚变研究始于20世纪70年代，先后建成各类磁约束聚变装置，其磁约束聚变研究成果主要是在印度等离子体研究所建造的两个实验托卡马克装置ADITYA和SST-1上取得的。

SST-1是继ADITYA装置后的中等尺寸的稳态超导托卡马克，属于自行研制的第二代托卡马克装置。它的主要参数如下：大半径为1.1 m，小半径为0.20 m，磁场强度为3 T，最大等离子体电流为0.33 MA。该装置于1995年在印度等离子体所开始建造，经过10年建造周期，于2005年成功完成安装并投入运行。其主要目标是维持1000 s拉长双零偏滤器等离子体。SST-1的运行计划分为两个阶段：第一阶段采用低约束模（L模）运行，实现在环向磁场强度达到目标3 T时稳态运行并持续1000 s；后一阶段采取高约束模（H模）运行，开展先进托卡马克研究。

作为ITER计划的七个参与国之一，印度制定了详细的聚变能源发展路线图：一方面在自行研制的首个超导稳态托卡马克（SST-1）上继续开展稳态物理和相关技术研究，积极参与ITER计划的建造和实验；另一方面将建造一个氘氚聚变装置SST-2，计划于2022年投入运行；在印度DEMO之前建成一个聚变功率达1 GW的实验聚变增殖堆（EFBR），实现氚燃料的自持；在2037年建成聚变功率达3.3 GW的DEMO；2060年建成装机容量$2\times1\ GW_e$的聚变电站。

4.4 近期、中期、远期聚变能发电技术分析

我国未来聚变发展战略应瞄准国际前沿，广泛利用国际合作，夯实我国磁约束核聚变能源开发研究的坚实基础，加速人才培养，以现有中大型托卡马克装置为依托，开展国际核聚变前沿课题研究，建成知名的磁约束聚变等离子体实验基地，探索未来稳定、高效、安全、实用的聚变工程堆的物理和工程技术基础问题。因此应该确立合理可行的近期、中期和远期技术目标。

近期目标（2020年前后）：建立近堆芯级稳态等离子体实验平台，吸收消

化、发展与储备聚变工程实验堆关键技术，并设计、预研聚变工程实验堆关键部件等。

中期目标（2030 年前后）：建设、运行聚变工程实验堆，开展稳态、高效、安全聚变堆科学研究。

远期目标（2050 年前后）：发展聚变电站，探索聚变商用电站的工程、安全、经济性相关技术。

4.5　聚变能关键技术发展方向

4.5.1　磁约束聚变的关键技术发展方向

目前，国际磁约束聚变界的主要研究内容是 ITER 相关的各类物理与技术问题。采用更好的高约束运行模式的 ITER 设计被称为 ITER-FEAT（ITER-Fusion Energy Advanced Tokamak）。ITER-FEAT 的科学基础主要包括：①先进托卡马克运行模式；②高约束模（H-模）；③高功率密度（H-β_N）；④高额自举电流。表 4-3 展示的是 ITER 运行模式。

表 4-3　ITER 的运行模式

运行方案	等离子体电流/MA	非感应成分	约束增益因子	内感	归一化比压	燃烧时间长度/s
感应模式	15	0.15	1.0	0.8	1.8	~400
混杂模式	~12	~0.50	1~1.2	0.9	2~2.5	≥1000
稳态模式	~9	1.00	≥1.3	0.6	≥2.6	3000①

① 3000 s 的燃烧时间长度受限于冷却系统。

ITER 将集成当今国际受控磁约束核聚变研究的主要科学和技术成果，第一次实现能与未来实用聚变堆规模相比拟的受控热核聚变实验堆，解决通向聚变电站的关键问题。ITER 计划的成功实施，将全面验证聚变能源开发利用的科学可行性和工程可行性，是人类对受控热核聚变研究走向实用的关键一步。

（1）ITER 计划的科学目标

ITER 计划的科学目标具体包括：①集成验证先进托卡马克运行模式；②验证“稳态燃烧等离子体”物理过程；③聚变 α 粒子物理；④燃烧等离子体控制；

⑤新参数范围内的约束定标关系；⑥加料和排灰技术。

（2）ITER 计划的工程技术目标

ITER 计划的另一重要目标是通过创造和维持氘氚燃烧等离子体，检验和实现各种聚变技术的集成，并进一步研究和发展能直接用于商用聚变堆的相关技术。ITER 计划部分验证的聚变堆的工程技术问题具体包括：①堆级磁体及其相关的供电与控制技术研究；②稳态燃烧等离子体（产生、维持与控制）技术，即无感应电流驱动技术、堆级高功率辅助加热技术、堆级等离子体诊断技术、等离子体位形控制技术、加料与除灰技术的研究；③初步开展高热负荷材料试验；④包层技术、中子能量慢化及能量提取、中子屏蔽及环保技术研究；⑤(TBM) 低活化结构材料试验，氚增殖剂试验研究，氚再生、防氚渗透实验研究，氚回收及氚纯化技术研究；⑥热室技术，堆芯部件远距离控制、操作、更换及维修技术研究。

4.5.2　惯性约束及其他核聚变途径的关键技术研究

无论是利用激光驱动、脉冲功率源驱动（Z-pinch）或者重离子束驱动惯性约束聚变的成功实施都需要解决如下关键技术问题：高功率、高重复频率、高稳定性的驱动源技术，以及内爆室和靶丸结构设计、点火方案优化设计、高效的能量转换技术、氚循环和提取技术等。

4.6　聚变能技术的研发体系

我国磁约束核聚变能研究开始于 20 世纪 60 年代初，尽管经历了长时间非常困难的环境，但始终能坚持稳定、渐进的发展，建成了两个发展中国家最大的、理工结合的大型现代化专业研究院所，即中国核工业集团公司所属的核工业西南物理研究院和中国科学院所属的等离子体物理研究所。为了培养专业人才，还在中国科学技术大学、华中科技大学、大连理工大学、清华大学等高等院校设立了核聚变及等离子体物理专业或研究室。我国核聚变研究从一开始，即便规模很小时，就以在我国实现受控热核聚变能为主要目标。

从 20 世纪 70 年代开始，我国集中选择了托卡马克为主要研究途径，先后建成并运行了小型装置 CT-6（中国科学院物理研究所）、KT-5（中国科学技术大学）、HT-6B（中国科学院等离子体物理研究所）、HL-1（核工业西南物理研究院）、HT-6M（中国科学院等离子体物理研究所）。在这些装置的成功研制过程中，组建并锻炼了一批聚变工程队伍。科学家们在这些托卡马克装置上开展了一系列重要研究工作。目前，我国的托卡马克装置主要有华中科技大学的 J-TEXT 装置、核工业西南物理研究院的 HL-2M 装置和中科院等离子体所的 EAST 装置。

当今世界规模最大、影响最深远的国际热核聚变实验堆 ITER 装置已于 2020 年 7 月 28 日启动安装，计划于 2025 年实现首次等离子体放电。国家正在大力支持我国磁约束聚变界积极参加 ITER 的建设和实验，支持国内配套物理和工程技术研究，支持在吸收消化 ITER 设计的基础上，自主设计以获取聚变能源为目标的中国聚变工程试验堆 CFETR。目前，我国自主设计的中国聚变工程试验堆 CFETR 也完成了物理和工程概念设计。

为了尽早地实现可控聚变核能的商业化，必须制定一套完整而合理的符合我国国情的发展体系。为了实现我国近期、中期、远期聚变能发电技术目标，充分利用我国现有的托卡马克装置和资源，我国制定了磁约束聚变（MCF）发展路线示意图（见图 1-8）。近些年来，路线图中的全超导托卡马克实验装置 EAST、国际热核聚变实验堆 ITER 和中国聚变工程试验堆 CFETR 都取得了重要进展。

4.6.1　J-TEXT 装置实验研究进展

J-TEXT 托卡马克是华中科技大学引进美国德克萨斯大学奥斯丁分校的聚变实验装置 TEXT/TEXT-U 重新建造的。该装置在 2007 年 9 月实现第一次等离子体放电，其主要参数如下：大环半径为 105 cm，等离子体截面半径为 30 cm，环向场磁感应强度可达 3.0 T，环向等离子体电流可达 300 kA。该装置具有偏滤器位形和电子回旋共振加热系统，运行区间从欧姆加热模式、低约束模式和限制器下高约束模式扩展到了偏滤器运行模式、射频加热下的高约束模式等。该装置是我国高校中唯一的大中型托卡马克实验装置，专门用于培养核聚变技术人才和进行基础性前沿性的物理实验研究，成为 ITER 和 CFETR 的人才培养、培训和磁约束聚变基础研究的重要实验平台。J-TEXT装置在聚变堆相关的一些基础性的关键物理方向，特别是在三维扰动磁场与等离子体相互作用和等离子体破裂物理方向，做出了重要贡献。

J-TEXT上建立了两套扰动场系统，一套是静态扰动场系统，另外一套是频率高达10kHz（为国际上现有在运行扰动场系统中最高频率）的动态扰动场系统。在J-TEXT等离子体中施加扰动场，可以实现对撕裂模的锁定或抑制，也可以激发出撕裂模。在存在撕裂模的等离子体中施加静态扰动场后，撕裂模的频率会逐渐降低，当扰动场幅度达到阈值时，旋转的撕裂模会被扰动场锁定，即锁模。同样地，当加入几kHz的动态扰动场后，锁模后撕裂模的旋转频率会最终和扰动场的频率相同。在此过程中，会观察到等离子体粒子约束变差（或者变好）：当扰动场频率小于（大于）撕裂模频率时，撕裂模会被减速（加速），观察到粒子约束变差（或者变好）。在实验中也可观察到扰动场对撕裂模的抑制效应。在存在撕裂模的欧姆等离子体中施加静态扰动场后，某些条件下可观察到撕裂模消失，同时芯部电子温度上升，约束变好，其原因在于扰动场起到了抑制撕裂模稳定性的作用。但是随着扰动场幅度进一步增加，有可能会进一步激发新的撕裂模，导致约束变差。

托卡马克装置具有较大的环向电流，这就导致此类装置可能会产生等离子体破裂，能量会在瞬间释放而损坏装置结构。如何避免和缓解等离子体大破裂是未来聚变堆亟须解决的问题。J-TEXT装置上已经使用大量气体注入（Massive Gas Injection，MGI）技术和扰动场来缓解等离子体破裂。研究表明，通过大量注入纯氦气或纯氖气或者氦和氩的混合气体都能缓解破裂。但是纯氩气注入可能会产生较大的逃逸电流平台，进而产生高能逃逸电子损害装置结构。通过扰动场可以在破裂阶段有效抑制逃逸电子的产生。

4.6.2 HL-2A（M）装置实验研究进展

中国环流器二号A（HL-2A）是我国第一个具有偏滤器位形的大型托卡马克装置，于2002年12月在四川成都利用德国ASDEX装置主机3大部件改建而成。HL-2A的大半径为1.65 m，小半径为0.4 m。在HL-2A装置上发展了10 MW的加热系统，包括6 MW的电子回旋加热系统、2 MW中性束系统和2 MW

低杂波电流驱动系统。HL-2A 装置上有四十余种不同种类的先进等离子体诊断系统，分布在主等离子体区和偏滤器区，可以提供高时空分辨的等离子体参数。

HL-2A 装置的物理实验在聚变科学的各个领域都取得可观的研究成果：利用新的静电探针系统首次观测到测地声模和低频带状流的三维结构，填补了该方向的国际空白；利用原创的超声分子束调制技术发现了自发的粒子内部输运垒，为等离子体输运研究提出了新的课题；首次观测到由高能电子激发的比压阿尔芬本征模，推动了高能粒子物理研究的发展；在湍流、带状流研究中，发现了在强加热 L 模放电中高频湍流能量向低频带状流传输，为理解功率阈值提供了物理基础；在 H 模物理研究中，发现了在 L-H 转换过程中存在两种不同的极限环振荡和完整的动态演化过程，为 L-H 模转换的理论和实验研究提供了新的思路。另外，在等离子体宏观不稳定性、边缘物理及杂质输运等方面还有很多新的实验成果。这些新的发现为聚变等离子体科学的发展做出了贡献，为我国参与 ITER 计划提供了科学和技术基础。目前，中国环流器二号 A（HL-2A）正在升级改造为 HL-2M 装置，升级改造后的 HL-2M 将具有良好的灵活性和可近性的特点。

4.6.3　东方超环 EAST 装置实验研究进展

1. EAST 长脉冲 H 模研究进展

东方超环（EAST）是世界上第一个具有全超导纵场线圈和极向场线圈的托卡马克，开展长脉冲稳态运行是其一大特色。2017 年，东方超环在全球首次实现了超过 100 s 的稳态长脉冲高约束模等离子体运行，并且该世界纪录一直保持至今。东方超环第 73999 次放电（见图 4-9）采用纯射频波加热和电流驱动，其中 2.45 GHz 低杂波 0.5 MW，4.6 GHz 低杂波 1.7 MW，电子回旋波 0.4 MW，离子回旋波 0.5 MW。放电进入高约束模式之后，放电性能稳定，全程由非感应电流驱动，且伴随着高频小幅度边界局域模。边界氘阿尔法谱线、偏滤器热流和粒子流通量在整个高约束模式期间保持稳定，这得益于东方超环采用了 ITER 类似的钨偏滤器，能够很好地控制边界的杂质水平，从而实现超过 100 s 的高约束模式稳态运行。这次放电的等离子体电流为 400 kA，β_p 达到 1.2，等离子体中心的磁感应强度为 2.5 T，上单零偏滤器的拉长比为 1.6，95%归一化极向磁通面的安全因子为 6.6。长脉冲放电过程中，达到了壁热量和粒子的平衡，具体表现为稳态的峰值热负荷保持在 3.3 MW · m^{-2}，粒子排出速率维持在 6.6×10^{20} D · s^{-1}。此外，偏滤器靶板温度稳定在 500℃附近，表明东方超环的钨偏滤器结构具有很强的排热性能。因此，在获得高约束模稳态运行的同时，芯部安全因子大于 1，电子温度约为 4 keV，电子密度为 2.8×10^{19} m^{-3}，高约束模因子 $H_{98,y2}$ 约为 1.2。与东方超环之前实现的 60 s 长脉冲高约束模放电相比，此次 100 s 长脉冲高约束模放电具有更高且稳定的高约束模约束因子，表明在先进运行模式下可以对托卡马克运行状态进行更为精细和有效的控制。通过考虑磁探针、汤姆逊散射、弯晶谱仪和偏振干涉仪等测量数据计算得到的磁平衡反演，进一步计算电子回旋电流驱动的分布和低杂波电流驱动的分布，发现低杂波电流驱动提供了 75%的非感应电流份额，而自举电流占总等离子体电流的 23%。电子回旋波的在轴加热与低杂波加热一起覆盖了整个高约束模期间，起到了避免高电荷杂质的积累和聚芯。根据长脉冲系列实验发现的优化规律，等离子体最外闭合磁面和限制器之间的距离保持在约 8 cm，以及采用中等功率的低杂波注入。此外，为了增加加料效率和降低壁滞留，长脉冲放电还采用超声分子束注入反馈控制电子密度。

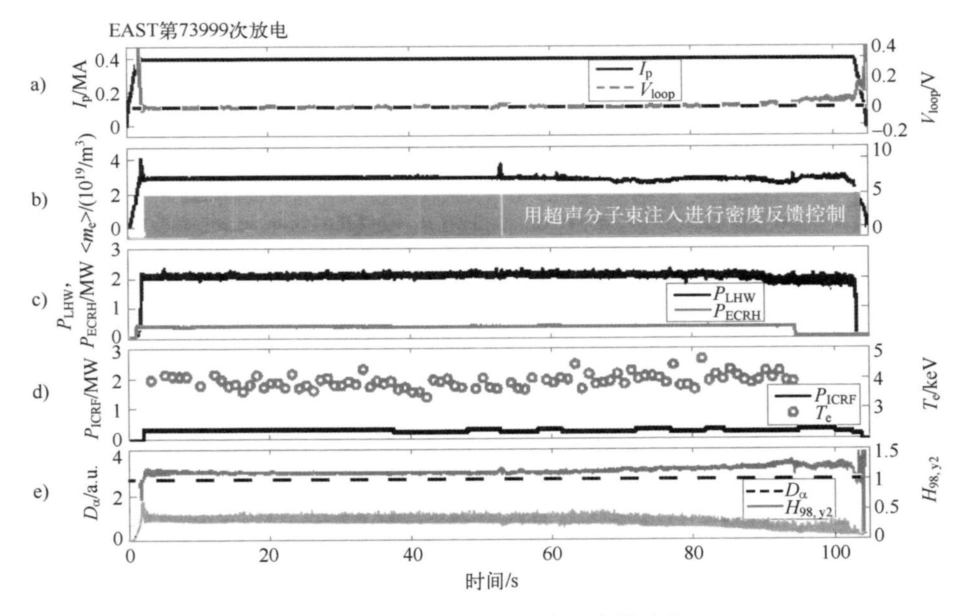

图 4-9 东方超环 100 s 高约束模放电

在取得 100 s 长脉冲高约束模放电之后，东方超环继续开展高性能长脉冲高约束模的实验研究，进一步提高等离子体约束性能。以第 81163 次放电为例（见图 4-10），采用纯射频波加热和电流驱动，获得了 β_p 约为 2，β_N 约为 1.6，约束因子 $H_{98,y2}$ 约为 1.2，自举电流约为 47%，零环电压维持 21 s 的高约束模长脉冲放电。这样由纯射频波加热和电流驱动的长脉冲放电，是一种聚变堆备选的运行方式。

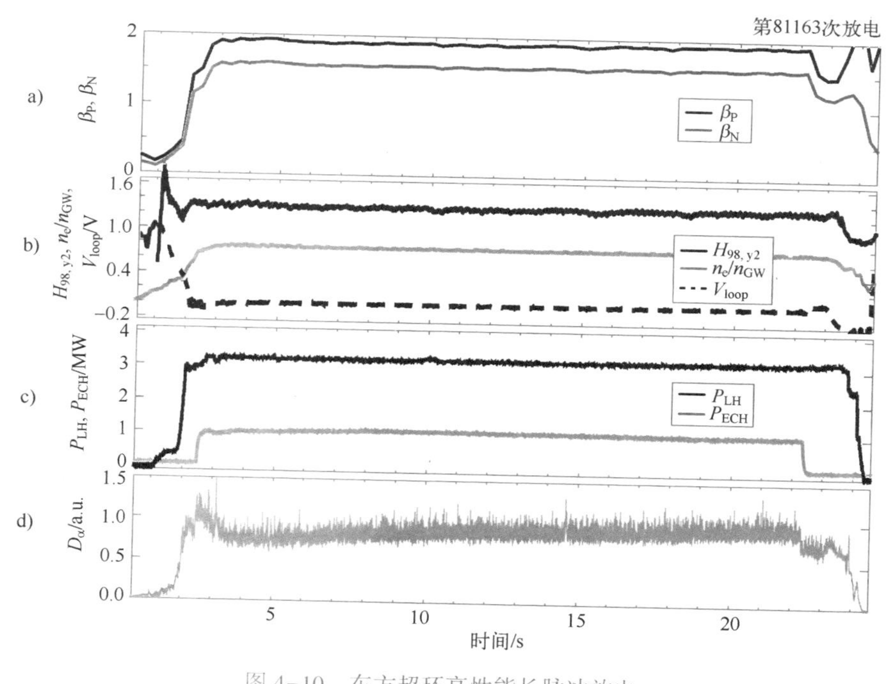

图 4-10　东方超环高性能长脉冲放电

综合使用射频波和中性束加热，能够进一步提高长脉冲高约束模的约束性能。东方超环在射频波和中性束加热的条件下实现了完全非感应电流驱动方案，典型参数如下：β_P 约为 2.5，β_N 约为 2，约束因子 $H_{98,y2}$ 约为 1.2，自举电流份额为 50%，边界安全因子为 6.8。实验研究给出了等离子体电流分布、湍流输运和等离子体辐射是如何自洽地向聚变相关的稳态运行演化的。在实验和模拟工作的基础上，证实了电子回旋加热能够增加低杂波的加热和电流驱动能力，有益于在高密度情况下获得完全非感应电流运行。东方超环上的长脉冲高参数高约束模放电证明，以射频波主导、辅以中性束注入的综合加热方式，能够获得低环向旋转动量情况下的完全非感应高性能高约束模稳态运行，为 ITER 和 CFETR 提供了一条切实可行的运行方案。

2. EAST 双输运垒研究

在 EAST 装置高归一化比压（β_N）实验研究中，获得了具有内部输运垒（ITB）的高约束模放电。研究了石墨偏滤器和钨偏滤器下 ITB 产生的阈值功率，研究了不同 q 分布下芯部 MHD 与 ITB 形成的机理。通过对高 β_N 放电的模拟计算，在 EAST 装置上发展了低 q_{95} 的高归一化比压放电模式，获得了具有双输运垒特征的准稳态高参数等离子体。在不同 q 分布下，研究了反剪切阿尔芬本征模、鱼骨模和锯齿不稳定性对 ITB 的影响。该成果验证了 ITER 与 CFETR 先进运行模式的可行性。

在 EAST 实验中，对一批高比压放电不能维持的原因进行了分析，发现其中一部分与高比压阶段峰化的密度行为相关。进一步的研究发现，这类密度峰化的放电中存在内部输运垒。

图 4-11 是这类放电的一个实例（EAST#56933）。本次放电的基本参数如下：等离子体电流为 450 kA，纵场为 1.6 T，芯部弦积分电子密度约为 $4\times10^{19}\ m^{-3}$，归一化等离子体比压（最大值）达到 2，等离子体储能（最大值）达到约 200 kJ。放电在 4.6 GHz 的低杂波（约 1.2 MW）与同电流方向的中性束（NBI 1，约 1.6 MW）的加热下，建立了 H 模等离子体。后续又投入反向中性束（NBI 2，1.6 MW）。当 NBI 2 的功率由 0.8 MW 提升至 1.6 MW 后，等离子体比压与储能均出现进一步提升。经过约 200 ms 到达峰值，之后又退回 NBI 2 功率为 0.8 MW 时的水平。在 2.75～3.52 s 的时间段内，等离子体的 H 因子维持在 1 左右，表明等离子体是标准的高约束模式。

在比压与储能进一步提升的过程中（$t = 3.52 \sim 3.78$ s），对等离子体多道弦积分密度进行的分析表明，NBI 功率提升后，边界弦积分密度基本没有变化（5%以内），而芯部弦积分密度有明显上升（>20%），且从边界到芯部，各道电子密度的上升现象越来越明显。密度的峰化因子（芯部与边界道弦积分密度之比）从 1.3 上升到 1.55。等离子体的芯部电子温度也有明显的增加，表明电子温度的 ITB 逐渐形成。在 ITB 形成的过程中，等离子体的储能和 H 因子也逐渐上升。

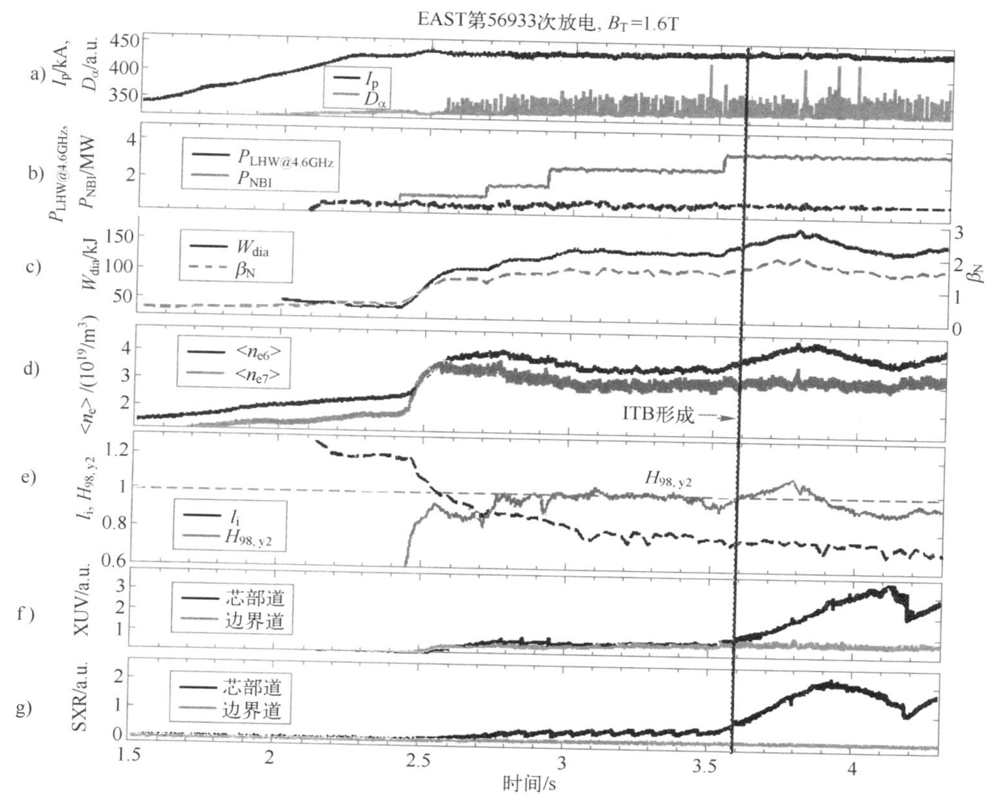

图 4-11　EAST 上典型的有双输运垒的高比压（β_N）放电波形

a）等离子体电流和 D_α 辐射强度　b）加热功率　c）等离子体储能和归一化比压
d）边界道弦平均密度（n_{e1}）和中心道弦平均密度（n_{e6}）　e）等离子体内感（l_i）和 H 因子
f）边界道和芯部道的 XUV 辐射强度　g）边界道和芯部道的软 X 射线辐射强度

在多道 XUV 与软 X 射线信号上也观察到了这种峰化现象（见图 4-11f 和图 4-11g）。这意味着约束的改善不仅与密度（粒子）有关，可能也与温度（能量）有关。对等离子体温度的进一步分析证明了这一点。由切向 X 晶体谱仪提供的数据表明，此过程中，芯部离子温度在内部输运垒形成后上升 27%，芯部电子温度上升 18%。

利用汤姆逊散射诊断，给出了电子温度、密度分布在 3.7 s 前后的变化。证实了温度密度分布均出现了可靠的峰化现象，如图 4-12 所示。这意味着内部输运垒的形成。利用电子温度分布（拟合曲线）的二阶导数极值点的位置，发现内部输运垒的位置（ITB foot）在ρ约为0.45处。由于拟合及后续求导带来的误差，这个位置的可能误差约为几厘米。

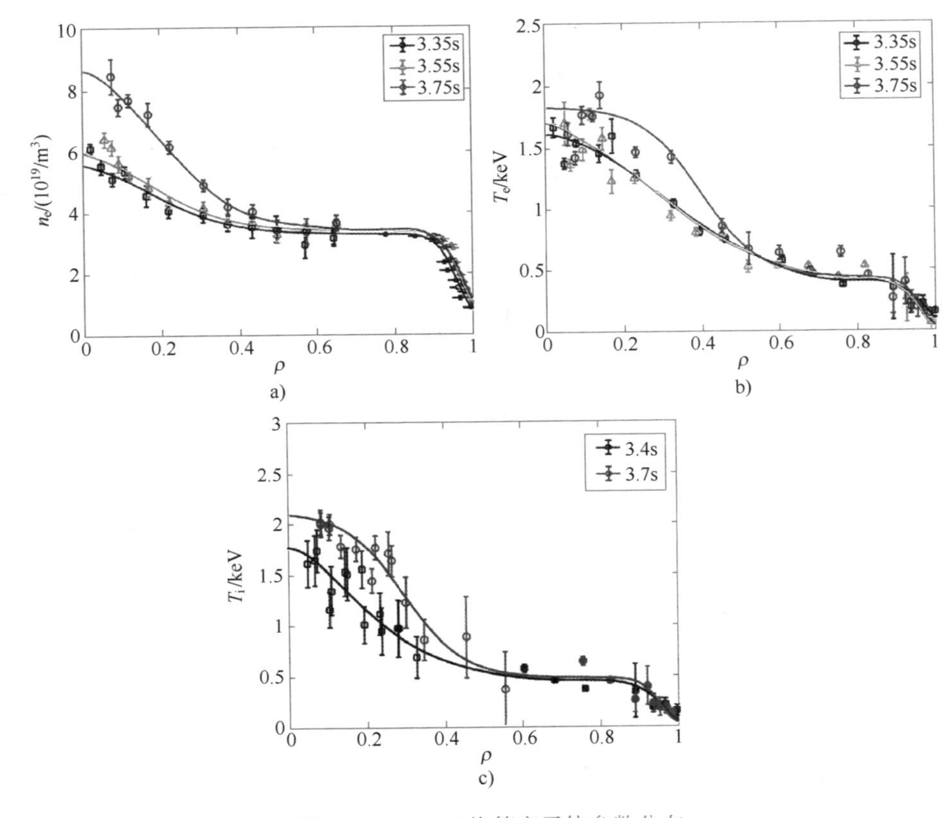

图4-12 56933炮等离子体参数分布

a）等离子体电子密度分布 b）等离子体电子温度分布 c）等离子体粒子温度分布

在低杂波（LHW）和中性束注入（NBI）加热条件下，研究了一组内部输运垒形成的阈值功率数据，在这一批放电条件下，最低的内部输运垒阈值功率在3.7MW。并将功率阈值数据库与国际定标率进行了比较，发现EAST相关数据能够符合国际ITB功率阈值定标率。同时，还需要进一步提升EAST加热功率范围，在更大范围内验证相关定标率。

在双输运垒的放电中，ITB形成后，q分布变为负剪切，同时可以观察到RSAE模式的不稳定性。而且RSAE的位置与q_{min}的位置对应，也是ITB脚的位置。这基本表明了ITB和q分布的对应关系。

在随后的高归一化比压的实验中（如 EAST# 71320），发现高比压阶段（β_N>1.8）的 q 分布具有芯部平坦的特征。此类带有 ITB 与 ETB 双垒结构的放电中，NBI 的 4 个源分别在 2.5s、3s、3.5s 和 4s 投入，在 4~6s 的时间段达到平顶段，NBI 总功率为 4.8 MW，低杂波的功率为 1 MW。在这一段时间内，等离子体的归一化比压 β_N 为 1.9，持续时间为 56 倍的能量约束时间，如图 4-13 所示。同时在此期间，观察到了一支 $m/n=1/1$ 的鱼骨模（见图 4-13g）。鱼骨模的径向位置在 ρ 约 0.3 附近。这与 ITB 的位置也有强相关性。证明不同 q 分布条件下，ITB

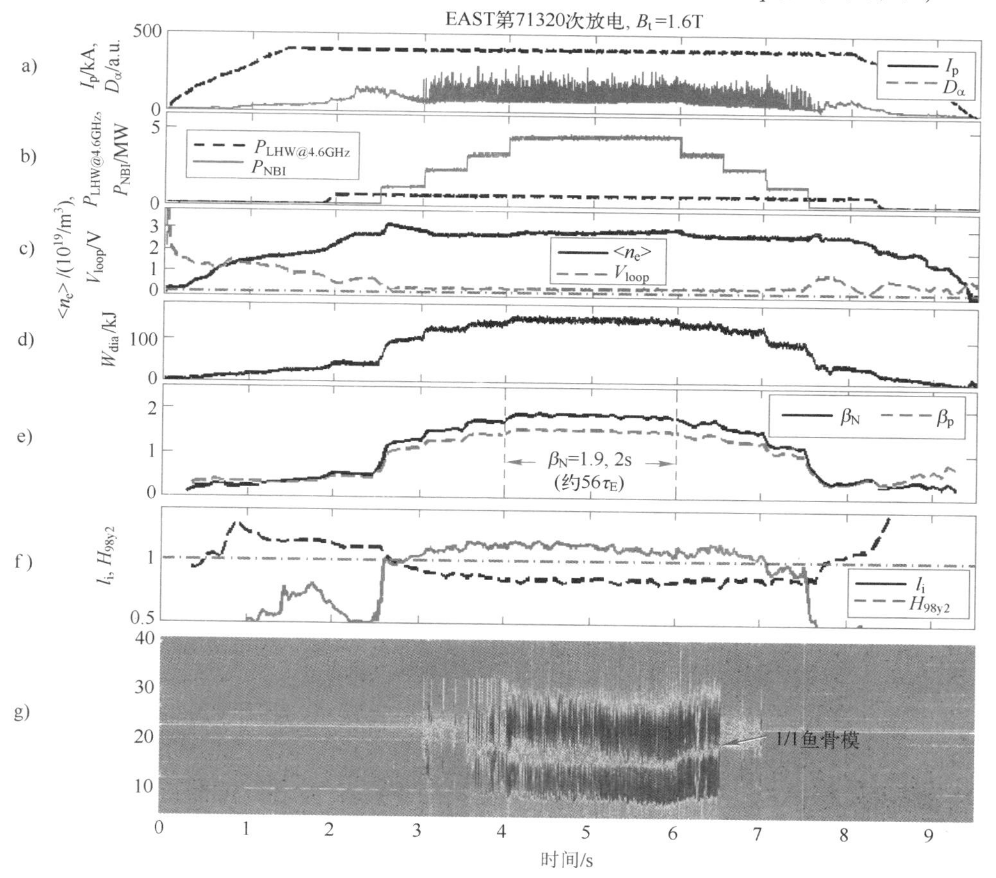

图 4-13 EAST 上具有芯部平坦 q 分布的 ITB 放电波形图

a）等离子体电流和 D_α 辐射 b）低杂波和 NBI 的加热功率 c）等离子体中心道弦平均密度和换电压

d）等离子体储能 e）等离子体的归一化比压和极向比压

f）等离子体内感和 H 因子 g）软 X 射线辐射的频谱

与 q 最小值之间有密切的关系，并且总是伴随着某种 MHD 行为。这暗示等离子体电流分布和 MHD 不稳定性之间的关系影响了 ITB 的特征和参数。实验测量表明，在等离子体的密度、电子温度以及离子温度上都具有明显的 ITB 特征。实验测量得到的 q 分布表明在 $\rho<0.3$ 的位置 q 分布平坦且接近于 1，这种平坦的分布导致了鱼骨模的出现。模拟计算结果表明，离子温度 ITB 的形成机理是清楚的，而对电子密度和温度 ITB 来讲，鱼骨模可能起到一个关键作用，需要进一步分析。图 4-14 显示的是利用 TGLF 程序给出的 78723 炮湍流增长率的谱分布。

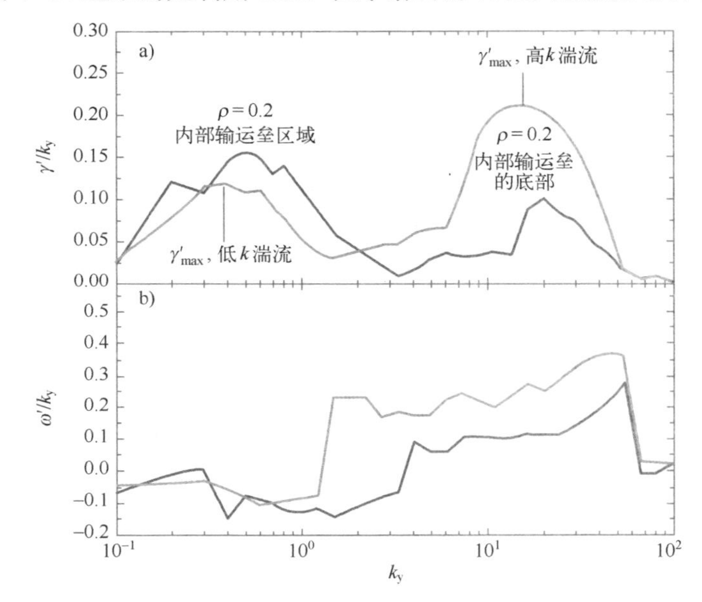

图 4-14 TGLF 程序给出的 78723 炮湍流增长率的谱分布

a）湍流的增长率 b）湍流的传播方向

在 EAST 上，研究了 ITB 形成和崩塌时靶板粒子流的变化趋势。当 ITB 形成时，等离子体的归一化比压（β_N）上升，同时 Shafranov 位移增强，靶板上打击点的位置偏离偏滤器的下内角。边界密度梯度和总的靶板粒子流也逐渐增强。这些物理参数的变化在 ITB 崩塌的时候相反。这些实验数据表明，ITB 对靶板离子流影响的物理机制如下：①ITB 形成导致 β_N 增加，进而导致 Shafranov 位移增大；②低场侧的磁面被不均匀压缩，使得边界密度梯度增强，同时打击点位置偏离偏滤器下内角；③粒子向外的扩散增强；④偏滤器靶板离子流增多。

4.6.4 国际热核聚变实验堆（ITER）研究进展

经过世界范围的聚变研究专家 50 多年的共同努力，开发磁约束聚变能的科学可行性已于 20 世纪 80 年代在托卡马克类型的实验装置上实现，核聚变能源研究已经进入实验演示长脉冲和稳态氘-氚燃烧科学可行性、氚增殖和回收、屏蔽包层等工程技术的可行性研究阶段。目前在法国卡达拉奇建造的国际热核聚变实验堆（ITER），正是肩负着这一使命。1985 年，美、苏两国的领导人在一次首脑会议上倡议开展一个核聚变研究的国际合作计划，要求“在核聚变能方面进行最广泛的切实可行的国际合作”。后来戈尔巴乔夫、里根和法国总统密特朗又进行了几次高层会晤，支持在国际原子能机构（IAEA）主持下，进行国际热核聚变实验堆（ITER）概念设计和辅助研究开发方面的合作。这是当时也是当前开展核聚变研究的最重大的国际科学和技术合作工程项目。1987 年春，IAEA 总干事邀请欧盟、日本、美国、加拿大和苏联的代表在维也纳开会，讨论加强核聚变研究的国际合作问题，并达成了协议，四方合作设计建造国际热核聚变实验堆 ITER，这是一个巨大的科学计划，先后进行了 10 余年，其中 1988—1990 年为概念设计阶段（Conceptual Design Activity，CDA），1992—1998 年为工程设计阶段（Engineering Design Activity，EDA）。它的目标是要建造一个可自持燃烧（即“点火”）的托可马克核聚变实验堆，证明并演示聚变反应堆的科学与技术可行性，以便对未来聚变示范堆及商用聚变堆的物理和工程问题做深入探索。各方还希望 ITER 可靠地运行在 $Q=10$ 的条件下并能够实现可控的点火运行条件，考虑到聚变堆将有总体上 35%左右的能量效率（最终进入电网的电能与装置产生的聚变能之比），运行在 $Q=20\sim40$ 的聚变反应堆就已经是可行的能源了。ITER 计划的另一重要目标是通过建立和维持氘-氚燃烧等离子体，检验和实现各种聚变工程技术的集成，并进一步研究和发展能直接用于商用聚变堆的相关技术。图 4-15 展示的是 ITER 装置示意图。

这个设计由几百位科学家及工程师花了近 10 年的时间、20 亿美元资金才完成研究开发工作。最后要耗资 100 亿美元，耗时 10 年才能建成，这的确是人类科学史上的壮举。期间因为选址及造价过高而搁浅，后又提出 ITER 的改进设计方案 ITER-FEAT，将价格降低一半。2006 年 11 月 21 日，参与 ITER 计划的七

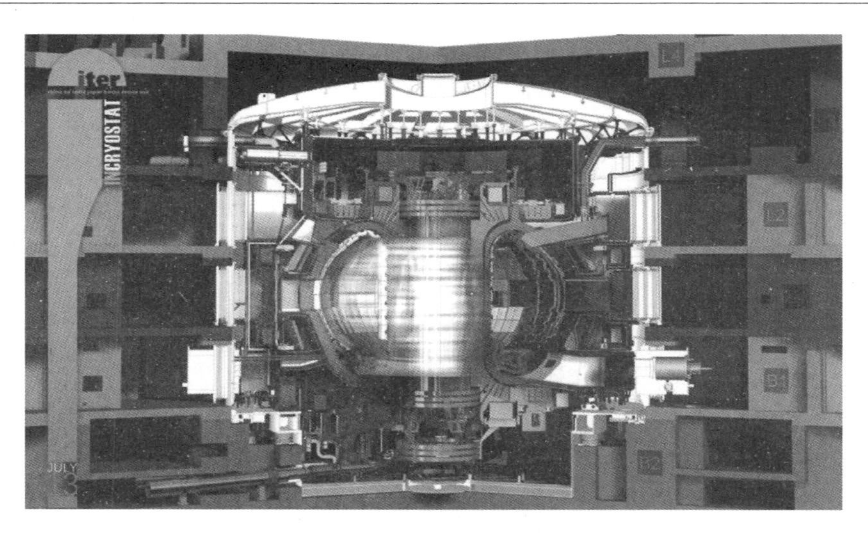

图 4-15 ITER 装置示意图

方（欧盟、俄罗斯、中国、印度、美国、韩国、日本）签署了相关协议，ITER 计划正式实施，并最终一致同意将 ITER 建于法国南部城市卡达拉奇。2014 年 11 月，ITER 第 15 届理事会正式提名法国原子能委员会主席伯纳德·比戈（Bernard Bigot）为下一任总干事并于 2016 年 3 月正式上任。在 2016 年 11 月召开的 ITER 组织第十九届理事会会议上，各参与国经过协商，一致批准了于 2025 年 12 月进行第一次等离子体放电和 2035 年开始氘氚运行的新的项目总进度规划，加快推进了 ITER 计划的顺利实施。基于托卡马克概念的 ITER 装置已经开工建设，这将托卡马克装置的研究推向了高潮。目前，ITER 计划已取得重要进展。2020 年 7 月 28 日，国际热核聚变实验堆 ITER 计划重大工程正式启动安装，图 4-16 为 ITER 装置施工现场。

ITER 计划是迄今世界上最大和平利用原子能的国际合作项目，我国于 2006 年正式签约加入 ITER 计划，国家正在大力支持我国磁约束聚变界积极并深度参加 ITER 的建设和实验。中国作为项目成员并正在为 ITER 计划做出重要贡献，进展处于合作七方前列。我国承担的 ITER 采购包涉及磁体支撑系统、校正场线圈系统、环向场线圈导体、极向场线圈导体、磁体馈线系统、包层第一壁、包层屏蔽模块、气体注入系统、辉光放电清洗系统、极向场线圈交直流变流器电源、无功补偿及滤波系统、高压脉冲变电站、校正场线圈导体和磁体馈线导体

图 4-16　ITER 装置施工现场

等。其中，绝大部分采购包由 ITER 中国工作组重要单位之一，中国科学院等离子体物理研究所承担，包括导体、校正场线圈、超导馈线、电源、诊断、安装等采购包。10 余年来，等离子体所深度参与 ITER 计划，在若干重要节点取得多项成果。建成了用于 ITER 部件设计、预研、加工、集成、测试的先进生产厂房和标准化加工车间；修正了原 ITER 电源和馈线设计方案，提出了被国际专家组认为合理可行的新设计方案，规避了 ITER 运行风险并促使中方 ITER 份额大幅度提高；2013 年 6 月研制成功并交付至 ITER 现场的极向场 PF5 导体是中方首件交付 ITER 现场的产品，也是 ITER 七方中首件交付 ITER 现场的大件产品；2017 年 10 月研制成功 ITER 首个超导磁体系统部件 PF4 过渡馈线；2019 年 7 月通过国际竞标赢得 ITER 主机安装工程，为我国进入欧洲核能领域的工程建造市场提供良好契机；2020 年 6 月研制成功的国际上重量最大、难度最高的超导磁体 PF6 线圈交付 ITER 现场（见图 4-17）；承担的导体采购包、电源采购包相继全部完成研制并交付至 ITER 现场，校正场线圈采购包、超导馈线采购包正在全面批量生产并且执行任务过半，诊断采购包进入最终设计阶段等。通过自主研发，掌握了一系列聚变工程关键技术，承担的 ITER 任务 100%国产化并以优异的性能指标通过国际评估，交付进度和产品质量100%满足ITER要求，在ITER七方中居前列，创造多项第一，获得ITER组织高度赞誉。ITER组织总干事评价“中国在采购包研发生产方面领先于各方”。

图4-17 PF6运抵法国ITER总装现场

此外，国家还大力支持国内ITER计划配套物理和工程技术研究。我国科技部部署了国家磁约束核聚变能发展研究专项，该专项总体目标是在“十三五”期间，以未来建堆所涉及的国际前沿科学和技术目标为努力方向，加强国内与“国际热核聚变实验堆”（ITER）计划相关的聚变能源技术研究和创新，发展聚变能源开发和应用的关键技术，以参加ITER计划为契机，全面消化吸收关键技术；加快国内聚变发展，开展高水平的科学研究；开展中国聚变工程试验堆（CFETR）的详细工程设计，并结合以往的物理设计数据库在我国的“东方超环（EAST）”“中国环流器2号改进型（HL-2M）”托卡马克装置上开展与CFETR物理相关的验证性实验，为CFETR的建设奠定坚实科学基础。同时，我国进一步加大聚变技术在国民经济中的应用，大力提升我国聚变能发展研究的自主创新能力，培养并形成一支稳定的高水平聚变研发队伍；先后资助了多项重要项目，例如“长脉冲H模的实现及相关机理研究”“EAST长脉冲高功率NBI的关键技术和实验研究”“托卡马克等离子体输运”“CFETR设计软件的集成及堆芯参数的优化”“面向燃烧等离子体的诊断研究”等。

总之，国际热核聚变实验堆ITER计划是当今世界规模最大、影响最深远的国际大科学工程，ITER计划集成了当今国际上受控磁约束核聚变的主要科学和技术成果，是人类受控核聚变研究走向实用的关键一步。ITER计划对从根本上解决人类共同面临的能源问题、环境问题和社会可持续发展问题具有重大意义。我国需要持续积极并深度参与ITER的建设和实验，并从中吸收经验。

4.6.5　中国聚变工程试验堆（CFETR）研究进展

中国聚变工程试验堆（CFETR）是中国磁约束聚变发展路线图规划的下一个托卡马克聚变装置，其运行将分为两个阶段：第一阶段实现200 MW聚变功率、氚自持的稳态运行；第二阶段实现1000 MW聚变功率并示范聚变电能输出。CFETR将着力解决ITER与DEMO之间存在的物理与工程技术难题，包括实现氘氚聚变稳态运行、公斤级氚的增殖与循环自持、能长时间承受高热负荷与强中子辐照的材料技术等，为我国2050年前后独立自主建设聚变电站奠定坚实的基础。

CFETR计划分两期运行，Ⅰ期将实现聚变功率为100~200 MW，聚变增益$Q=1\sim5$，氚增殖率TBR>1.0以及中子辐照效应小于10 dpa；Ⅱ期将实现聚变增益大于10，聚变功率为1000 MW以及中子辐照效应大于50 dpa。CFETR实验计划分为三个阶段：基础实验（3~4年）、一期工程验证（7~8年）和二期示范验证（10年）。

CFETR的概念设计从2012年左右开始，最早开始的设计工作是基于一个较小的装置尺寸，大半径为5.7 m，小半径为1.6 m，纵场磁场强度为4~5 T，并且设计工作主要围绕Ⅰ期目标开展。在此基础上，开展了包括运行方案设计、关键工程部件概念设计（包括真空室、第一壁和偏滤器等）和关键氚相关技术等方面工作。然而，5.7 m的装置尺寸并不能完全实现Ⅱ期目标。为了实现Ⅱ期目标，CFETR必须升级到更大的尺寸，这就意味着在Ⅱ期阶段必须在Ⅰ期的基础上重新建造一个更大的装置。为了能在同时满足Ⅰ期和Ⅱ期目标的基础上降低建造花费，CFETR进行了重新设计，将装置尺寸升级到大半径6.6 m左右，小半径 1.8 m 左右，纵场磁场强度为 6~7 T。为了能兼顾稳态运行模式和混杂运行模式，自 2017 年 12 月起，磁约束聚变堆总体设计组开始了基于更大尺寸（大半径 R=7.2 m，小半径 a=2.2 m，B_T=6.5 T）的物理与工程设计。图 4-18 给出了 CFETR 装置总体结构图。

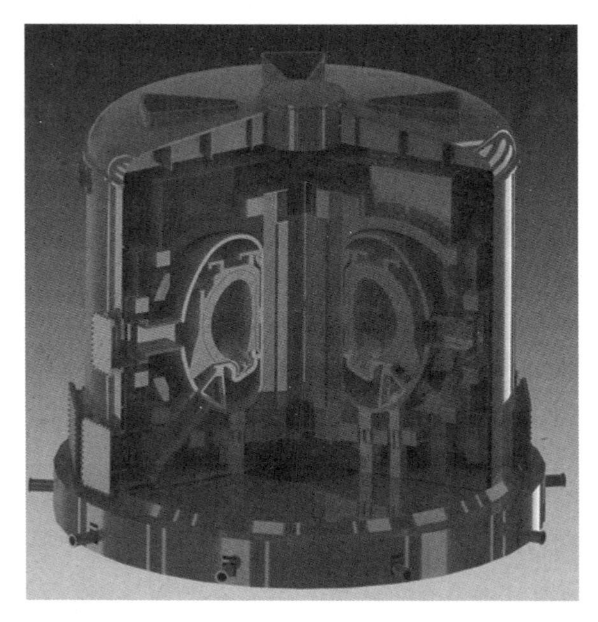

图 4-18　CFETR 装置总体结构

1. CFETR 物理设计研究进展

CFETR 物理设计是一个集成类型的研究工作，涉及各个与装置物理相关的研究方向，例如运行方案设计、快离子物理、偏滤器物理等。针对 CFETR 物理设计需求，设计集成了大量程序并搭建了数值模拟集成平台。数值模拟平台的搭建和集成任务的主要职责是集成和发展 CFETR 物理设计相关的模拟程序，建设 CFETR 物理设计所需的数值模拟平台。集成的程序主要包括零维系统分析程序、平衡计算、芯部输运、放电模拟、偏滤器和刮削层输运、MHD 稳定性方面的程序以及集成程序的框架平台，形成了一套完备的设计程序，满足了 CFETR 设计所需。物理设计方面有很多不同程序同时进行模拟设计，并对计算结果进行相互校核。此外，对平台中的一些关键程序和模块，也开展了实验验证工作，以确保模拟工作可靠。表 4-4 给出了在 CFETR 堆芯物理的设计中，使用的数值模拟程序，此外，还引入了集成模型的框架 OMFIT，能较为方便地把一些程序耦合起来开展模拟工作。这些程序覆盖了 CFETR 物理设计的主要方面，包括零维参数的确定、平衡位形计算、加热和电流驱动系统物理参数设计、运行模式设计、偏滤器设计、磁流体稳定性的避免和控制等。

表 4-4　CFETR 物理设计使用的数值模拟程序列表

<table>
<tr><th colspan="2">程序类别</th><th>CFETR 物理设计使用的程序</th></tr>
<tr><td colspan="2">零维系统程序</td><td>GASC/METIS</td></tr>
<tr><td colspan="2">平衡</td><td>EFIT/TEQ</td></tr>
<tr><td rowspan="3">芯部输运</td><td>核心程序</td><td>ONETWO/TGYRO/CRONOS</td></tr>
<tr><td>加热加料模块</td><td>NUBEAM/TORAY/GENRAY</td></tr>
<tr><td>输运模型</td><td>TGLF/NEO</td></tr>
<tr><td colspan="2">放电模拟</td><td>TSC</td></tr>
<tr><td colspan="2">垂直不稳定性 VDE</td><td>TSC/DINA/TOKSYS</td></tr>
<tr><td colspan="2">台基模型</td><td>EPED</td></tr>
<tr><td colspan="2">DSOL 输运</td><td>SOLPS/DIVIMP/CORDIV/TECXY</td></tr>
<tr><td rowspan="5">MHD 稳定性</td><td>破裂及其缓解</td><td>NIMROD</td></tr>
<tr><td>边界局域模</td><td>BOUT++/ELITE/NIMROD</td></tr>
<tr><td>新经典撕裂模</td><td>TM8/NIMROD</td></tr>
<tr><td>电阻壁模</td><td>MARS/AGEIS/NIMROD</td></tr>
<tr><td>快离子相关稳定性</td><td>NOVA/TGLFEP/NIMROD</td></tr>
<tr><td colspan="2">集成程序的平台框架</td><td>OMFIT</td></tr>
</table>

（1）物理运行方案设计

CFETR 之前阶段的物理设计主要是基于零维系统程序（GASC）给出装置的一些基本参数。由于其中包含了大量的经验公式和若干假设，因此零维计算得到的等离子体参数同装置的实际运行参数可能差别较大。目前，国家磁约束聚变堆总体设计组正在基于 OMFIT 框架下的 1.5 维集成模拟程序，对

CFETR 的稳态和混杂两种运行模式开展相应的运行方案研究，并将其与 0 维程序进行对比。OMFIT 采用更为先进和准确的物理模型，为装置进行详细的集成模拟，能够较为准确地预测聚变堆的性能，优化各辅助加热系统及偏滤器部件。表 4-5 和表 4-6 给出了在 5.7 m 和 6.7 m 装置大半径尺寸下，零维参数与 1.5 维设计参数的对比，表中 1.5 维方案的差异主要是辅助加热的设置不同带来的。从表中可以看到，基于经验公式的零维设计参数与 1.5 维的设计参数还是存在较大的差异。

表 4-5　零维与 1.5 维设计相关参数对比 $R=5.7\,m/B_T=5\,T$

相关参数	零维 $R=5.7\,m/B_T=5\,T$	1.5 维方案 1 NB+EC	1.5 维方案 2 NB+EC+LH
$P_{NB}+P_{EC}+P_{LH}$/MW	65	58+10	16+30+31
聚变功率/MW	200	141	138
聚变增益因子	3.1	2.1	1.8
中心电子密度/$10^{19}/m^3$	5.2	5.9	6.3
中心离子温度/keV	29.4	23.0	19.1
中心电子温度/keV	29.4	24.3	20.9
自举电流份额（%）	36	41	44
归一化比压	1.8	1.9	1.6
约束增益因子 H_{98y2}	1.3	1.0	0.9
内感	—	0.63	0.64

表 4-6　零维与 1.5 维设计相关参数对比 $R=6.7\,m/B_T=6\,T$

相关参数	零维 $R=6.7\,m/B_T=6.0\,T$	1.5 维	1.5 维
P_{NB}/P_{EC}/聚变功率/MW	79/53/200	26/20/184	18/40/145
聚变增益因子	1.52	4.0	2.5
中心电子密度/$10^{19}/m^3$	8.1	6.0	5.9
中心电子/离子温度/keV	13/13	19/25	17/23
约束增益因子 H_{98y2}	1.00	1.36	1.27
能量约束时间/s	1.10	3.12	2.73
归一化比压	1.60	1.90	1.78
自举电流份额（%）	50	71	67

CFETR 的稳态运行模式要求更高的辅助加热功率和电流驱动效率，这可能使实现氚自持成为一个巨大挑战，因此 CFETR 还将采用混杂运行模式。为了能兼顾稳态运行模式和混杂运行模式，自 2017 年 12 月起，磁约束聚变堆总体设计组开始了基于更大尺寸（大半径 $R=7.2\ \mathrm{m}$，小半径 $a=2.2\ \mathrm{m}$，$B_T=6.5\ \mathrm{T}$）的物理与工程设计。下面分别对稳态和混杂两种运行模式进行介绍。

稳态运行模式即完全非感应运行模式，其具有较好的约束性能。这种运行方案不存在感应电流，因此运行的等离子体总电流不会太大，而且这种运行方案也不需要提高电流来改善约束；另一方面，低电流导致了高的边界安全因子（q_{95}）值，这有利于提高自举电流份额，从而能够更容易实现完全非感应状态。高的 q_{95} 能够增加刮鞘层的磁连接长度（正比于安全因子 q 和大半径 R）和刮鞘层宽度，这对于降低偏滤器靶板的峰值热负荷有一定的帮助，从而有利于稳态运行。

CFETR 的稳态运行模式目前正在设计中，通常情况下将由中性束和射频波（如电子回旋和低杂波）两种辅助加热和电流驱动方式协同获得。中性束在等离子体加料及驱动等离子体旋转方面具有优势，然而中性束会占用大量窗口，压缩增殖包层的空间不利于实现氚自持。表 4-7 中列举了分别用 0 维的 GASC 程序和 1.5 维的基于 OMFIT 框架下的集成计算得到的关键参数对比，其中稳态运行模式是中性束和电子回旋共同驱动下获得的。可以看到，0 维预测和 1.5 维的精细集成模拟之间还是有一定的差别。为了达到 1000 MW 的聚变功率，1.5 维的计算表明需要更高的密度，这需要更高的外界电流驱动功率来维持完全非感应运行。为了降低外界辅助电流驱动功率，1.5 维的计算中将等离子体电流从 13.78 MA 降低为 12 MA。下一步的工作将提升等离子体约束性能和电流驱动效率。

混杂运行模式即存在一定比例的感应电流，因此可以有效降低对驱动电流的要求。表 4-8 中列出了 0 维和 1.5 维计算给出的混杂运行模式的一些关键参数。目前的混杂运行模式也主要是由中性束和电子回旋共同驱动下获得的。从表 4-8 可以看出，0 维与 1.5 维计算在全局参数上有较好的一致性。其辅助加热及电流驱动总功率明显小于稳态运行模式下所需的功率。

表 4-7 CFETR 稳态运行模式关键参数

CFETR 稳态运行模式 (R/a=7.2 m/2.2 m)	0 维	1.5 维
聚变功率/MW	974	998
等离子体电流/MA	13.8	12.0
归一化磁比压	2.0	2.06
自举电流份额	0.5	0.59
驱动电流功率/MW	82	107
中心电子温度/keV	36	24
中心电子密度/10^{20}/m^3	0.78	1.24

表 4-8 CFETR 混杂运行模式关键参数

CFETR 混杂运行模式 (R/a=7.2 m/2.2 m)	0 维	1.5 维
聚变功率/MW	1100	920
等离子体电流/MA	13.78	13.78
归一化磁比压	2.0	2.2
欧姆电流份额	0.3	0.3
自举电流份额	0.5	0.56
驱动电流功率/MW	74	72
中心电子/离子温度/keV	24/24	39/35
中心电子密度/10^{20}/m^3	0.77	0.77
聚变增益因子	15.3	12.6

运行方案的设计还需要考虑到与芯部等离子相关的磁流体不稳定性、快离子损失等物理问题，这些问题会对装置部件如第一壁等带来严重的损坏。利用表 4-4 列举的模拟程序，针对设计的稳态和混杂运行方案，已经开展了包括 α 粒子物理、快离子损失、磁流体不稳定性等方面的研究，这些问题的研究对运行方案的设计起到重要的方向性指导作用。

（2）偏滤器物理设计

偏滤器物理设计是 CFETR 装置中最核心的设计之一，其功能主要用于排出聚变等离子体产生的热流和粒子流，同时屏蔽杂质和排出氦灰，减小其对芯部等离子体的污染。在CFETR聚变功率高达1GW的高参数、高占空比（Duty Time）运行条件下，持续过高的热流及粒子流轰击会对偏滤器靶板造成严重的损伤，这对装置使用寿命是严重挑战，同时也给偏滤器设计提出了更高的要求。通过模拟计算和分析，目前已经设计出了可满足CFETR装置在聚变功率高达1GW的高功率运行条件下，具有较好的热和杂质排出能力的偏滤器几何位型及其运行模式，为工程设计提供基本的偏滤器几何位型及相关的物理输入，例如热流、粒子流分布等。

（3）氚自持物理

CFETR是ITER和聚变示范堆（DEMO）之间的桥梁。CFETR与ITER最大的不同是提出了氚自持的目标。由于总体目标的差异，使得CFETR的粒子控制研究与ITER的粒子控制研究产生了根本性的差异。对于ITER，由于没有氚自持的要求，ITER的主要目标在于降低杂质（氦灰）对芯部等离子体的状态影响，因此在设计时会尽可能加大边界抽气的能力来排除氦灰及杂质，对于燃料粒子的芯部加料也没有提出强烈要求。而CFETR有氚自持的目标，希望在满足排杂质的情况下，尽可能减小进入氚工厂循环的粒子数。因为主要有粒子进入氚工厂，就意味着有一定比例的氚粒子会损失掉，进而提高对氚增值率（TBR）的要求。

为了实现CFETR氚自持的设计目标，从粒子控制的角度主要有以下两个研究方向。

1）提高氚粒子参与反应的比例。当粒子注入等离子体中后，并不是每一个粒子都能够参与DT反应。由于加料深度有限，绝大部分的粒子都是通过湍流或者新经典输运被排出，只有少数粒子通过扩散或者箍缩效应被传到芯部等离子体区域参与聚变反应。因此探索实现芯部加料的手段对于实现氚自持有重要的意义。目前CFETR粒子控制组内正在开展先进加料技术的研究工作。

2）缩短氚粒子宏观循环的时间。考虑到氚燃料粒子的稀有性和放射性等特点，氚粒子被泵抽走以后，需要进行排杂质处理（排除氦灰及其他杂质）、同位素分离（排除D）。考虑到不同的处理流程的工艺不同，所用时间及氚的损失率也不同。一般情况下，处理时间越长，氚的损失也就越大，给氚自持也带来更大的挑战。在不影响等离子体放电的情况下，需要改进流程及工艺来缩短氚粒子的循环时间。一种做法是对抽出来的气体进行排杂质处理，然后将氘氚混合气体重新注入等离子体中。此外，壁面滞留也会显著影响氚粒子的循环时间，因此需要有效评估氚壁面滞留率随时间的演化关系。

总体而言，粒子控制设计涉及 CFETR 诸多子系统，具体包括加料系统、真空系统、包层、氚工厂、第一壁材料以及等离子体放电等。此外由于 CFETR 提出氚自持的科学目标，这使得 CFETR 的粒子控制设计与 ITER 存在本质的差异。因此需要系统评估各种系统性能对氚自持的敏感性分析。

氚燃烧率也是影响聚变堆最终能否维持氚自持目标的一个重要因素，通过提高氚燃烧率，可以降低对包层增殖能力和氚工厂处理能力的要求，因此是聚变堆设计的关键参数。对 CFETR 氚自持目标 TBR>1 而言，氚燃烧率需要维持在大于 3%。而对 ITER 的研究结果显示，ITER 的氚燃烧率将小于 1%，如果以此为参考，那么 CFETR 迫切需要探索提高氚燃烧率的方法；另一方面，由于 CFETR 的各项物理参数非常高，加之不同的边界条件，对其加料和氚燃烧率的计算方法，有别于目前的实验装置。因此需要开发新的氚加料技术和燃烧率计算方法，进而研究影响氚燃烧率的因素及如何提高使其大于 3%。等离子体芯部约束、加料、壁循环等都会影响氚燃烧率的计算结果，从而使计算模型涉及了芯部、台基区和边界不同物理区间的耦合。因此在研究燃烧率计算方法时，首先要搭建芯部-台基-边界集成模拟平台，从等离子体稳态运行模式、平衡、输运的角度，模拟上述物理过程。在此基础上，利用推导出的燃烧率解析公式，计算不同运行模式下的氚燃烧率，并通过改变加料、边界再循环等参数，探索提高燃烧率的方法。目前利用表 4-4 的程序，已经开展了包括氚燃烧率计算方法开发、探索杂质及加料对氚燃烧率影响等方面的研究。

（4）诊断物理设计

CFETR 诊断的目标为设计一套物理量，保障 CFETR 运行和评估 CFETR 聚变表现，以满足装置保护、运行控制和聚变物理理解的需求。考虑到一旦装置开始运行，无论聚变功率的高低（0.1 GW、0.2 GW、0.5 GW、1 GW），装置都将存在强辐射和活化等复杂问题，诊断能力需要兼容不同聚变功率的运行和不同的运行工况，进行一阶段设计、安装，以及两阶段运行测量。第一阶段以

ITER诊断为基础，测量的主要目的在于满足启动和爬升、稳态燃烧、下降及熄堆等不同运行模式区的选择和确定，第二阶段着重理解燃烧等离子体和稳定聚变堆性能。在启动和爬升阶段，重点关注度在于等离子体边界、位形、剖面、燃料、辐射和反应率等测量，这些参数能力需要远高于不稳定性的增长时间和空间尺度。在稳态运行和运行模式转换阶段：重点关注等离子体反应率、燃料、与稳态运行相关的不稳定性、剖面控制、边界和热负荷等。在熄堆阶段，分为主动和被动熄堆，重点关注等离子体的边界、位形和热负荷等参数，主要测量偏滤器区域。对于堆的核心区域，根据上述安全运行需要，将测量的物理量分为两大类。第一类与运行控制密切相关，主要包括：①等离子体平衡；②等离子体燃烧控制；③偏滤器状态监控；④杂质监测等。第二类与装置安全密切相关，主要包括：①等离子体稳定性；②热负荷；③等离子体密度与电流；④中子通量；⑤装置及周边监控，即停机监测、废气监测、偏滤器长期监测、灰尘监测、氚存量监测、人员保护及支持系统监控等。对于装置周边的重点为核安全与防护，包括装置保护相关监测、周边不同分区的环境监测等。主要的参数见表4-9。

表4-9　CFETR诊断参数分类表

核安全与防护	装置保护	1）磁体，真空，温度，受力，震动/位移 2）表面温度和形貌，腐蚀，材料疲劳与损伤 3）聚变总功率，活化，氚监测……
	环境监测	固、气、液，区域辐射及辐射分布，人员计量，灰尘……
运行及安全控制	运行控制参数	第一阶段：位形，位移，电流，环电压，内能，真空，杂质（C、W），偏滤器状态 第二阶段：燃料比，氚，灰尘……
	约束品质参数	第一阶段：温度，密度，旋转，电流分布，辐射功率…… 第二阶段：聚变功率、聚变产物，He密度……
	运行安全参数	锁模，破裂先兆，halo电流，壁温度，表面损伤，第一壁热负荷，振动及位移，灰尘，台基压强（ELM）……
聚变物理理解	聚变产物约束与输运	第二阶段：α粒子，EP……
	聚变品质优化	第二阶段：氚，聚变功率密度……

2. CFETR工程设计研究进展

CFETR装置相较于目前在建的ITER装置，在工程技术与工艺上，重点研究聚变堆材料、聚变堆包层及聚变能发电等 ITER 装置不能开展的工作。为了检验设计方案、发展 CFETR 一些关键零部件的核心技术，除了上述工作，国内聚变界还开展了大量的工程技术预研工作，包括加热与电流驱动、材料等。这些预研工作，为我国掌握并完善建设商用聚变示范堆所需要的工程技术、独立自主开发和利用聚变能奠定坚实的科学与工程基础。

（1）磁体系统

CFETR 磁体系统包含中心螺线管（CS）线圈、纵场（TF）线圈、极向场（PF）线圈以及校正场（CC）线圈，如图 4-19 所示。其作用是产生磁场以驱动和约束等离子体、控制等离子体位形和垂直不稳定性。超导线圈均采用管内电缆导体（CICC）绕制，CICC 内部通 4.5K 超临界氦冷却。预计 CFETR 超导磁体系统总质量将超过 1 万 t。为了获得更高的磁场和更高的聚变功率，在 CFETR 装置中，考虑使用高临界电流密度的 Nb_3Sn RRP 超导线和 Bi-2212 高温超导材料。通过使用这两种材料制造的中心螺线管可以获得最大磁通为 300 V · s。而纵场线圈则需要提供的磁场强度为 7 T（等离子体中心处的磁场强度）。此外，在设计极向场和校正场线圈过程中，还需要考虑到等离子体平衡与稳定性问题。

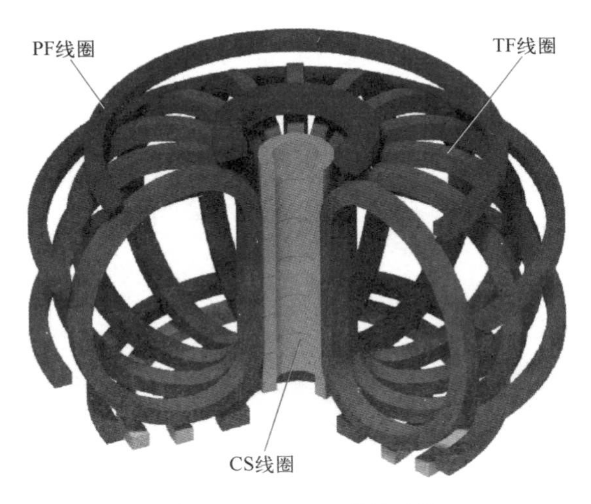

图 4-19 CFETR 磁体系统

CFETR 纵场线圈由 16 个 D 型线圈组成，单个纵场线圈的尺寸将达到约 11.6 m×16.5 m，重达 460 t。当单匝电流为 52 kA 时，线圈产生的最大磁场强度约为 14.5 T，在等离子体中心区域产生的磁场强度约为 7 T。为了改善等离子体控制与稳定性，必须将磁场波纹度控制在一定的水平以下。当等离子体区的磁场波纹度低于 0.3% 时，可以满足物理设计要求。此外，每个纵场线圈的内侧都承受这个指向主机的向心力。磁力预计将会达到 1300 MN。因此，专门为 TF 线圈设计了一个将近半米厚的不锈钢铠甲。

为了满足等离子体成形、驱动所需的磁通，CFETR 的中心螺线管由 8 个中心半径为 1.75 m 的模块组成。每个模块都可以独立供电，以满足等离子体平衡的需求。线圈同时采用 Bi-2212 和 Nb_3Sn 两种材料，可以产生最大的磁场为 19.9 T（单匝电流为 51.25 kA 时）。在等离子体区，最大的磁通为 224 V · s。所有的线圈都通过液氦冷却，温度为 4.5 K。

为了探索和验证相关的制造工艺，开展了全尺寸的 CFETR 中心螺线管模型线圈的研制。为了节约经费，模型线圈的内、外模块分别由 Nb_3Sn 和 NbTi 组成。当通电电流为 47.65 kA 时，预期可以达到的最高磁场为 12 T。

CFETR 所使用的中心螺线管和纵场线圈的最高磁场强度将远高于目前的设计值。在 25~30 T 范围内，Bi-2212 被认为是最可靠的超导磁体材料。尽管目前，其价格相比 Nb_3Sn 没有优势，但是由于它可以运行在较高的温度（10~30 K），在下一代聚变堆中采用 Bi-2212 导体可能更加经济。Bi-2212 也是仅有的可以制作成圆形线的铜酸盐超导体。中国科学院等离子体物理研究所已经利用 Bi-2212 绕制出了一段由 42 股线组成的 CICC 导线。其中，Bi-2212 由西北有色金属研究院研制。测试温度为 4.2 K，临界电流达到了 13.1 kA。下一步将发展高压氧氛围下的热处理技术，以提高 Bi-2212 高温超导导体的性能。这些制造过程为未来超导体的生产积累了大量的宝贵经验。

为了给超导磁体系统，同时给低温泵、冷屏和其他小用户（这些用户主要运行在 4.5 K、50 K 和 80 K 三个温区）创造并维持一个低温运行的条件，CFETR 低温系统需要进行热负载评估和概念设计。其中，超导磁体系统是最大的低温用户，其热负荷主要包括静态热负荷（传导热、辐射热）与动态热（由磁场变化导致的交流损耗以及由氘氚聚变产生的高能中子导致的核热）。基于基本运行模式（10 MA 等离子体，聚变功率为 200 MW，占空比为 0.5），开展的热负载估计表明：根据 4.5 K 条件下的热负载估计，CFETR 对氦站的制冷量的需求为 75~

85 kW。此外，还需要一个最大容量为1300 kW 的氮工厂。CFETR 低温系统总的建筑面积预计在7000 m^2 左右。

（2）真空室

CFETR 真空室为D形截面，预留有若干个上垂直窗口、下窗口和水平窗口。内外壳以及它们之间的加强筋通过焊接结合。为了降低制造难度，D形真空室截面由三段弧顶和一个直线片段组成，彼此相切。两个真空室壳体厚度为50 mm。由于对超导磁体的中子辐照的不均匀性，两个真空室壁之间的内侧与外侧距离采用不一样的设计。从真空室内壳到等离子体边界，在径向至少需要预留1000 mm 的空间用于安装包层模块、偏滤器、内部线圈及其支撑以及冷却系统等。真空室内水平方向和竖直方向的最大尺寸分别为8160 mm 和15820.5 mm。

在真空室设计过程中，需要考虑的另一个重要问题是用于维护的窗口，上部预留的垂直窗口将被用于真空室零部件维护与包层拆装，水平窗口将主要用于诊断、加热和部分遥操作工具，而下窗口则主要用于偏滤器维护和低温泵。

CFETR 杜瓦作为一个大型单壁真空容器，主要包括顶盖、上环体和下环体三个部分。底封头通过焊接的形式与下环体连接，通过主支撑和下面的混凝土地基提供支撑。顶盖外形类似穹顶结构，通过螺栓与上环体连接。当外真空室内的大型零部件需要更换时，可以打开顶盖。而上环体与下环体则通过焊接的形式连接。各种工况下，由托卡马克装置及杜瓦自身驱动的所有负载都将通过主支撑与底部基座转移到托卡马克坑内。根据设计要求，杜瓦的主要功能是为超导线圈提供真空环境（10^{-4} Pa）以及不同系统的穿透，例如加热、抽真空、冷却、诊断以及遥操作系统等。而这些系统所需要的穿透位置与开口尺寸将需要基于更加具体的参数与要求进行优化设计。

有关真空室扇形段的核心技术，例如成型、焊接、无损检测过程等在国内都已得到很好的发展。50 mm 壳体在900℃条件下通过液压实现热成型。通过修正技术可以确保成型偏差控制在±2 mm 内。通过热成型获得的壳体借助非熔化极惰性气体保护电弧焊技术进行焊接以后可以制造出极向片段。在首个1/32 扇形段原型件的研制过程中，已经成功制造出了4件极向片段。在制造过程中，使用了窄缝非熔化极惰性气体保护电弧焊技术和电子束焊接技术。通过无损检测（包括超声波检查、渗透检测、射线检测）技术对焊接质量进行了评估，结果显示焊接质量满足设计要求。为了验证相关设计与核心技术，在中国科学院等离子体物理研究所设计制造了一个 1/8 真空室扇形段实物模型，用于验证制造成型、焊接、切割、无损检测以及所有的工艺。实物模型高约 11.4 m，“D”形截面径向宽度约 7 m，最大环向宽度为 7.5 m，壳体厚度为 50 mm，重约 126 t。制造公差低于 8 mm，组装公差为 3 mm。对焊接点进行 100%全体无损检测，漏率低于 10^{-8} Pa·m^3/s。成型后的尺寸误差控制在 2 mm 以内。

壳体加工先通过液压进行热成型，冷却后再进行校正。为了获得高精度的成型质量，即控制形变公差在 2 mm 以内，最后必须进行火焰校正。同时，焊接形变也必须进行严格控制。进行焊接前的壳体最终尺寸公差都严格限制在 2 mm 以内。原型件在制造过程中，绝大多数尺寸误差都控制在 1.5 mm 以内。尽管在焊接/夹具加工结束以后存在相当的弯曲效应，这一点最终都达到了设计要求。

(3) 遥操作

遥操作技术被认为是 CFETR 运维所需要解决的关键问题之一，这是由于在 CFETR 运行后，内真空室部件必将面临中子辐照的问题。遥操作维护策略将对 CFETR 装置主机及其他零部件的设计产生重大影响。其中包层与偏滤器模块的遥控更换将是 CFETR 运维过程中的主要任务。CFETR 的遥操作系统概念设计中考虑了 3 种不同位形。其中包层模块与内真空零部件维护分别通过垂直和偏滤器区域进行维护被认为是较合适的方案，如图 4-20 所示。这种方案是基于托卡马克具有若干个垂直维护窗口的位形提出的。为了提高效率，内、外侧的包层被集成到一个包层单元，必要时通过顶部垂直窗口进行更换维护。偏滤器则经过下部若干个专用窗口通过多功能平台同时进行维护。设计过程中，兼顾了安全性、可靠性、可用性以及兼容能力等各个方面。

基于 CFETR 概念设计方案以及相关的关键技术，开展了高负载遥操作维护系统的预研工作，例如包层遥操作维护系统、具有 3 个自由度的水液压升降平台、重载转运车系统、多功能检测和维护机器人、自适应内真空内窥系统、视觉伺服抓取系统、主从机器人、人机交互控制系统以及遥操作集成及其测试的关键技术。这些技术的研究和遥操作测试平台的实验验证为未来 CFETR 聚变反应堆的建造提供了强有力的支持。

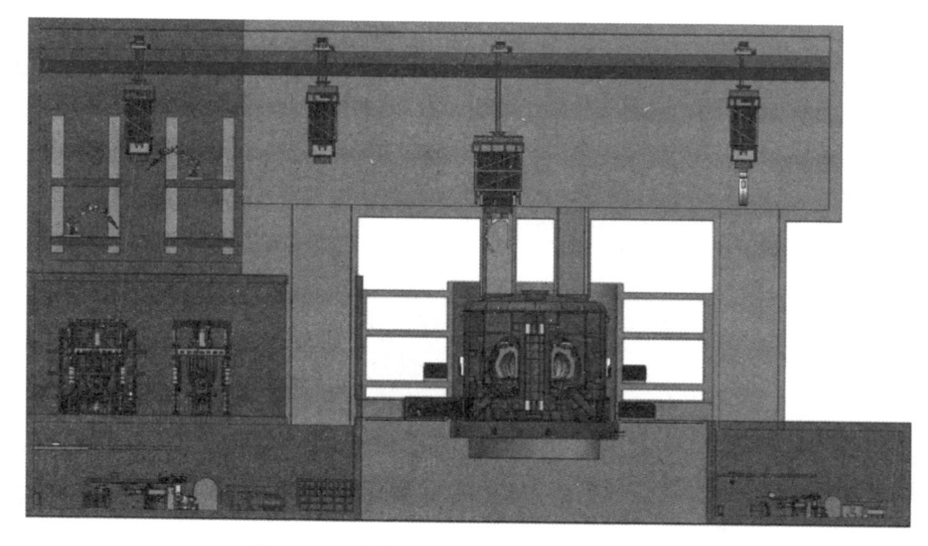

图 4-20 内真空部件的垂直维护方案演示

（4）包层与氚工厂

CFETR 包层由氚增殖包层和屏蔽包层两部分组成。其中，增殖包层覆盖在真空室内壁上，主要功能是吸收聚变中子并承担产氚；而屏蔽包层则主要用于吸收和慢化剩余的中子，是纵场磁体等主机部件的重要辐射保护屏障。CFETR 聚变中子在包层中被吸收和慢化，实现动能转化为热能，用于聚变发电。

增殖包层是 CFETR 设计中最关键和最具技术挑战的部件之一。包层产氚过程是一个涉及中子学、热工和材料等相互作用、互相影响的动态过程。为了提高氚增殖率，必须优化增殖包层以及氚工厂设计。对于增殖包层的设计，综合物理与工程两方面的考虑，目前已经有 3 种可供选择的技术方案，即氦冷、水冷和液态金属冷却方案。其中，氦冷方案被确定为 CFETR 氚增殖包层的首选方案，其他方案作为备选。

在氦冷陶瓷增殖剂包层拟采用模块化增殖单元，使用 Li_4SiO_4 为增殖剂，Be 为中子倍增剂，RAFM 钢为结构材料，钨为第一壁材料。使用 8 MPa 氦气作为冷却剂，出入口温度分别为 300℃ 和 500℃。模拟结果表明，这一方案的氚增值率在 CFETR Ⅰ 期和 Ⅱ 期运行时分别可达到 1. 21 和 1. 15。

在 CFETR 的氚工厂概念设计中，氚燃料回收及其再利用系统由内循环、外循环及其他涉氚过程 3 个子系统组成。其中，内循环系统包括氚回收、同位素分离和重新注入真空室 3 个过程；外循环系统包括氚萃取、分离以及纯化等过程；其他涉氚过程包括氚屏蔽以及含氚水的除氚过程等。

4.7　聚变能技术的应用和推广

中国聚变工程试验堆（CFETR）的氘、氚聚变不仅能产生巨大的核聚变能，还是一个巨大的中子源，而且释放的中子能量高（14.1 MeV）。可以利用聚变反应室中产生的中子，轰击在聚变反应室外的^{238}U、^{232}Th 包层，生产^{239}Pu 或^{233}U 等核燃料，这就是所谓聚变-裂变混合堆，简称混合堆。聚变堆为了获得聚变能输出，要求聚变产生的能量远大于为创造实现聚变的条件而消耗的能量（Q 约为 30）；相反，混合堆只要求聚变产生的能量与消耗的能量差不多相等就可以了（Q 约为 1），因而它对聚变的要求比纯聚变堆容易些。目前混合堆的发展也面临很多难题，不少学者认为，混合堆不仅将聚变堆和裂变堆的优点结合在一起，也将两者的困难结合在一起；有的学者甚至认为，混合堆比纯聚变堆还困难。但不管怎样，混合堆仍然是一个可考虑的获得聚变核能的途径。

参考文献

[1] WNA. Nuclear power in the world today [EB/OL]. (2021-3-8). http://www.world-nuclear.org/information-library/facts-and-figues/world-nuclear-power-reactors-and-uranium-requireme.aspx.

[2] UNFCCC. Report of the Conference of the Parties on its Fifteenth Session [R]. Copenhagen: UNFCCC, 2010.

[3] IAEA. Climate change and nuclear power [R]. Vienna: IAEA, 2015.

[4] IAEA & OECD NEA. Uranium 2018: Resources, production and demand [R]. Paris: NEA, 2019.

[5] IAEA. Energy, electricity and nuclear power estimates for the period up to 2050, 2020 edition [R]. Vienna: IAEA, 2020.

[6] IAEA. Nuclear power reactors in the world [M/OL]. Vienna: IAEA, 2020. https://www.iaea.org/publications/14576/nuclear-power-reactors-in-the-world.

[7] IAEA. Operating experience with nuclear power stations in member states, 2019 edition [R]. Vienna: IAEA, 2019.

[8] IAEA. Nuclear technology review 2020 [M/OL]. Vienna: IAEA, 2020. https://www.iaea.org/sites/default/files/gc/gc64-inf2.pdf.

[9] United States Government Accountability Office. Nuclear Reactors Status and challenges in development and deployment of new commercial concepts [R]. Washington: United States Government Accountability Office, 2019.

[10] IAEA. Advances in small modular reactor technology development, 2016 edition [R]. Vienna: IAEA, 2016.

[11] SCHNEIDER M, FROGGATT A. The world nuclear industry status report 2020 [R]. Paris: MacArthur Foundation, 2020.

[12] 中国工程院“我国核能发展的再研究”项目组. 我国核能发展的再研究 [M]. 北京: 清华大学出版社, 2015.

[13] ANHEIER N C, SUTER J D, QIAO H, et al. Technical readiness and gaps analysis of com-

mercial optical materials and measurement systems for advanced small modular reactors [R]. Washington: University of North Texas Libraries, 2013.

[14] NEA. Current status, technical feasibility of small nuclear reactors [R]. Paris: NEA, 2011.

[15] LEVY S, TODREAS N E, BENNETT R, et al. Technology goal for generation IV nuclear power system [J]. Trans Am Nucl Soc, 2001, 85: 58-59.

[16] Generation Ⅳ International Forum. A technology roadmap for generation Ⅳ nuclear power systems [R]. Paris: NEA&OECD, 2002.

[17] Generation Ⅳ International Forum. A technology roadmap update for generation Ⅳ nuclear energy systems [R]. Paris: NEA&OECD, 2014.

[18] Generation Ⅳ International Forum. 2015 GIF annual report [R]. Paris: NEA&OECD, 2015.

[19] Generation Ⅳ International Forum. 2018 GIF annual report [R]. Paris: NEA&OECD, 2018.

[20] KAZIMI M, MONIZ E J, FORSBERG C W, et al. The future of the nuclear fuel cycle [R]. Cambridge: MIT, 2011.

[21] SHIMADAL M, CAMPBELL D J, MUKHOVATOV V, et al. Progress in the ITER physics basis, overivw and summary [J]. Nuclear Fusion, 2007, 47: S1-S17.

[22] 加里·麦克拉肯, 彼得·斯托特. 宇宙能源: 聚变 [M]. 核工业西南物理研究院翻译组, 译. 北京: 中国原子能出版社, 2008.

[23] CALLAHAN D A. The national ignition facility and the ignition campaign [C]. Presentation to AAAS 2013 Annual Meeting, Boston, 2013.

[24] IEA&NEA. Technology roadmap: Nuclear energy, 2015 Edition [M/OL]. Paris: IEA&NEA, 2015. http://www.oecd-nea.org/pub/techroadmap/techroadmap-2015.pdf.

[25] DEUTCH J, FORSBERG C, KADAK A, et al. Update of the MIT 2003 The Future of Nuclear Power [M/OL]. Cambridge: MIT, 2009.
http://web.mit.edu/nuclearpower/pdf/nuclearpower-update2009.pdf.

[26] 快堆产业联盟. 国外快堆要闻简报 [R]. 北京: 快堆产业联盟, 2020.

[27] IAEA & OECD NEA. Uranium 2016: Resources, production and demand [R]. Paris: NEA, 2016.

[28] 周培德. 快堆嬗变技术 [M]. 北京: 中国原子能出版社, 2015.

[29] 李建刚. 托卡马克研究的现状及发展 [J]. 物理, 2006, 45 (2): 88-97.

[30] 高翔, 万元熙, 丁宁, 等. 可控核聚变科学技术前沿问题和进展 [J]. 中国工程科学, 2018, 20 (3): 25-31.

[31] 贺贤土. 惯性约束聚变研究进展和展望 [J]. 核科学与工程, 2000, 20 (3): 248-251.

[32] 彭先觉，王真．Z 箍缩驱动聚变-裂变混合能源堆总体概念研究［J］．强激光与粒子束，2014，26（9）：1-6.

[33] WAN B N, LIANG Y F, GONG X Z, et al. Recent advances in EAST physics experiments in support of steady-state operation for ITER and CFETR [J]. Nuclear Fusion, 2019 (59): 112003.

[34] GONG X Z, GAROFALO A M, HUANG J, et al. Integrated operation of steady-state long-pulse H-mode in Experimental Advanced Superconducting Tokamak [J]. Nuclear Fusion, 2019 (59): 086030.

[35] GAO X, YANG Y, ZHANG T, et al. Key issues for long-pulse high-β_N operation with the Experimental Advanced Superconducting Tokamak (EAST) [J]. Nuclear Fusion, 2017 (57): 056021.

[36] YANG Y, GAO X, LIU H Q, et al. Observation of internal transport barrier in ELMy H-mode plasmas on the EAST tokamak [J]. Plasma Physics and Controlled Fusion, 2017 (59): 085003.

[37] ZHANG T, LIU H Q, LI G Q, et al, Experimental observation of reverse-sheared Alfvén eigenmodes (RSAEs) in ELMy H-mode plasma on the EAST tokamak [J]. Plasma Science and Technology, 2018 (20): 115101.

[38] GAO X, EAST TEAM. Sustained high β_N plasmas on EAST tokamak [J]. Physics Letter A, 2018 (382): 1242.

[39] 高翔，万宝年，宋云涛，等．CFETR 物理与工程研究进展［J］．中国科学：物理学、力学、天文学，2019，49（4）：045202.

[40] WAN Y X, LI J G, LIU Y, et al, Overview of the present progress and activities on the CFETR [J]. Nuclear Fusion, 2017 (57): 102009.